中国儿童
动物百科全书

CHILDREN'S
ENCYCLOPEDIA OF
ANIMALS

《中国儿童动物百科全书》编委会 编著

中国大百科全书出版社

图书在版编目 (CIP) 数据

中国儿童动物百科全书/《中国儿童动物百科全书》编委会编著 . --3 版 . -- 北京：中国大百科全书出版社，2021.1

ISBN 978-7-5202-0865-9

Ⅰ．①中… Ⅱ．①中… Ⅲ．①动物－儿童读物 Ⅳ．① Q95-49

中国版本图书馆 CIP 数据核字（2020）第 236262 号

中国儿童
动物百科全书

CHILDREN'S
ENCYCLOPEDIA OF
ANIMALS

中国大百科全书出版社出版发行

（北京阜成门北大街 17 号 电话 68363547 邮政编码 100037）

http://www.ecph.com.cn

北京华联印刷有限公司印刷

新华书店经销

开本：635 毫米 ×965 毫米 1/8 印张：35

版次：2021 年 1 月第 3 版 2022 年 6 月第 5 次印刷

ISBN 978-7-5202-0865-9

定价：158.00 元

11

23

49

目 录

26  **149**  **156**  **178**

CHAPTER 1

走近动物界

与植物、微生物相比，动物一般都有灵敏的感觉，
能自由活动，而且一定要吃东西才能生存。

什么是动物

地球像一位母亲，养育了形形色色的动物、植物和微生物，它们共同组成了一个生机勃勃的世界——生物界。我们常见到的生物多是植物或是动物。植物一般没有明显的运动，常常是绿色的，不需要吃东西，只要有阳光、空气、水和土壤就能生长。动物一般都有灵敏的感觉，能自由活动，而且一定要吃东西才能生存。有些动物的运动能力并不强，如珊瑚常被当作植物，实际上，虽然它整个身体不会移动，但常常会伸出像扫帚一样的触手来捕捉食物。

变色龙

动物吃什么

不同的动物进食的东西也不一样：有的动物只吃草、树叶、果实、种子等植物，称为植食性动物或食草动物；有的动物靠捕食其他动物为生，称为肉食性动物或食肉动物；有的动物喜欢吃其他动物的尸体、排遗物或排泄物，以及枯死的植物等，称为食腐动物；还有的动物什么都吃，既吃植物，也吃动物，称为杂食动物。

狼吃肉。

秃鹫喜欢吃其他动物的尸体。

骆驼吃树叶。

动物的分类

根据身体结构特征的不同，动物分为无脊椎动物和脊椎动物两大类。无脊椎动物约占动物总数的95%，它们没有脊椎，也没有坚硬的内骨骼，如昆虫、蜘蛛、软体动物和许多海洋生物。脊椎动物约占动物总数的5%，它们长着脊椎骨，如哺乳动物、鸟类、爬行动物、两栖动物等。

动物的演化

原始生命自诞生后，都会随着时间的推移和生存环境的变迁而发生变化，千百万物种不断地出现、消亡，只有能适应变化的物种才幸存下来，繁衍生息至今。在生物学上，物种不断演变的这一缓慢而渐进的过程被称为演化。我们看到的动物，都经历了漫长而缓慢的演变过程，才成了今天的样子。

①始祖马 → ②中新马 → ③④⑤草原古马 → ⑥现代马

马的祖先是始祖马。始祖马只有小狗般大小，经过约5000万年的演化，才变得威武高大。这个过程并不是一帆风顺的，而是呈螺旋式上升的，其间出现过一些不同的分支，也有一些种类遭到了淘汰。

动物的生命周期

动物如同人类一样，都要经历出生、生长发育、繁殖和死亡4个阶段，这是一个完整的生命周期。有了这样的过程，虽然生命个体死亡了，但其物种不会灭亡，通过繁殖，它们能一代代地延续下去。各种动物都有自己的生命周期，但是周期长短不同。龟的寿命最长，能活到300多岁；蝴蝶只能活几个星期到几个月。有些动物一生中要经历很大的变化，它们的幼年期与成年期的样子差异很大，从一种形态变成另外一种形态，这种变化叫作变态发育。蚕的一生经历了一个完全变态的过程：卵→幼虫→蚕蛹→成虫（蛾）4个时期，每个时期的外形完全不同。

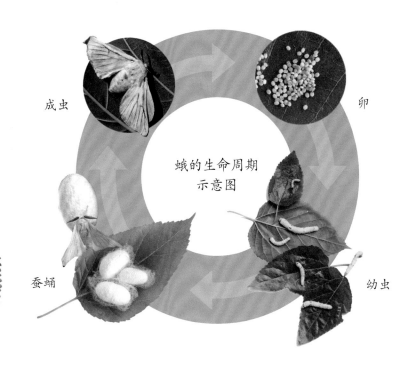

成虫　卵　蛾的生命周期示意图　蚕蛹　幼虫

动物的生活环境

地球是人类的生存家园，也是动物们的栖息地。各种各样的生态环境，孕育出令人惊叹的生物多样性。

草原

草原上丰富的绿植资源为食草动物提供了食物，这些食草动物又成了大型食肉动物的口中餐。草原景观开阔，这里的动物大多有着灵敏的视觉、听觉和嗅觉，而且善于奔跑，动作迅速。

主要动物： 羚羊、斑马、角马、黄羊、野驴、野马、兔、鼠、蝗虫、狮子、猎豹、狼、鬣狗、鹰、鹫等。

森林

森林是以乔木为主体的生物群落，是地球表面最为壮观的植被景观。这里物种丰富，光合作用极强，能产生大量的氧气，被称为"地球的肺"，为生物提供了很好的生存空间，是野生动物的天堂，吸引着无数爬行类、两栖类、兽类、鸟类、昆虫等动物在这里安家。

主要动物： 亚洲象、虎、猩猩、熊、大熊猫、松鼠、野猪、孔雀、鹦鹉等。

山脉

山脉是沿一定方向延伸，由若干条山岭和山谷组成的山体。山脉是景观变化最大的一种栖息地，海拔高的山脉从山顶到山脚，可以呈现出季节性变化的风景。山麓地区与周围环境趋于一致，居住着林鸟和很多大型哺乳动物；而山顶区域气温急剧下降，只有猛禽和一些耐寒动物才能生存下来。

主要动物： 猴、鹰、雪豹、岩羊等。

湿地

　　湿地是位于陆生和水生生态系统之间的过渡性地带。它广泛分布于世界各地，拥有强大的生态净化功能，是地球上一种独特的、多功能的生态系统，在生态平衡中扮演着极其重要的角色，被称为"地球之肾"。湿地是鸟类和两栖类动物繁殖、栖息、越冬的场所。

　　主要动物： 天鹅、白鹳、鹈鹕、大雁、白鹭、燕鸥、椋鸟、江豚、水虎鱼、马哈鱼、水豚等。

海洋

　　海洋是地球上最大的水体，覆盖了71%的地球表面，地球也因此而被称为"大水球"。海洋是生命的摇篮，远古生命在这里诞生。在蔚蓝色的海面下，始终隐藏着一个色彩斑斓的动物世界。海洋动物现知有16万～20万种，它们形态多样，既有高等哺乳动物，也有微小的浮游动物。海洋更是鱼类和无脊椎动物的生命乐园。

　　主要动物： 鲸、鱼类、海豚、珊瑚、海龟、章鱼、水母、海葵、贝螺类、海鸥、海燕等。

沙漠

　　沙漠是地面完全被沙所覆盖、植物稀疏、雨水稀少、空气干燥的地区。实际上沙漠并不像人们想象的那么荒芜，这里也生活着种类繁多的动物，它们具有自身保持水分和抵抗高温的能力，以及适应沙漠生活的形态特征。

　　主要动物： 骆驼、蜥蜴、蝎子、蛇、跳鼠、大沙鼠等。

极地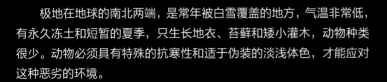

　　极地在地球的南北两端，是常年被白雪覆盖的地方，气温非常低，有永久冻土和短暂的夏季，只生长地衣、苔藓和矮小灌木，动物种类很少。动物必须具有特殊的抗寒性和适于伪装的淡浅体色，才能应对这种恶劣的环境。

　　主要动物： 企鹅、海豹、北极熊、北极狐、旅鼠、雪兔、磷虾等。

食物链与生态平衡

不同的生物之间普遍存在一种吃与被吃的关系，这种关系像链条一样使一些生物紧密相连，环环相扣，这种生物之间由食物营养关系彼此联系起来的序列，叫作食物链。食物链通常从绿色植物开始，到凶猛的食肉动物终止。食物链通常用"→"来表示吃与被吃的关系。

食物网

自然界中的动植物种类很多，它们之间的取食关系也很复杂，因此生物之间存在着很多条食物链。许多相互交叉的食物链构成了一张复杂的食物网。

庄稼→虫子→青蛙→蛇→鹰

生态平衡

生态系统的结构和功能，包括生物种类的组成，各个种群的数量比例以及能量和物质的输入、输出等都处于相对稳定的状态，这被称为生态平衡，又称自然平衡。生态系统中的成分越复杂，生物种类越多，自我调节能力就越强；反之，生态系统中的成分越单纯，生物种类越少，自我调节能力就越弱。但这种自我调节能力有一定限度，超过限度，平衡就会遭到破坏，甚至导致生态危机。欧洲移民刚到澳大利亚时，发现那里青草茵茵，于是大力发展养牛业。后来牛粪成灾，造成牧草退化，蝇类滋生，只得引进以粪便为食物的屎壳郎，才使牧场恢复原貌。

植物和海藻处于食物链的底层，在整个链条中数量最多。从底层到顶层，生物的数量呈递减趋势，形成"金字塔"形的数量分布。

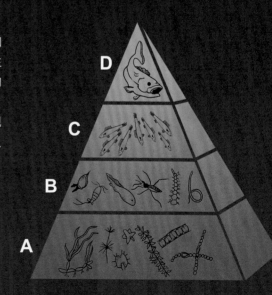

生态系统的构成

构成生态系统的生物种类繁多，根据它们在能量和物质运动中所起的作用，可以归纳为生产者、消费者和分解者三类。食物链中每一种生物都充当着重要的角色，如果某一链条断开，整个生态系统就会紊乱。人们大量地捕杀野生动物和使用农药，都会破坏已形成的良性的食物链和食物网。

生产者

一般为能进行光合作用的植物和藻类，如花草。

消费者

直接或者间接消费由其他生物制造的食物的生物，如老鼠、狗。

分解者

专门吃动植物的残骸或废弃的食物，同时还留下可以被植物所吸收物质的生物，如蘑菇、蚯蚓、屎壳郎、霉菌。

什么在破坏生态平衡？

自然因素　泥石流　地震　火山爆发　海啸

人为因素　过度捕猎　过度采伐　过度放牧　环境污染

动物的行为

动物的行为是指动物的动作，包括动物的爬行、奔跑、游泳、飞行等运动方式，还包括动物的取食、繁殖、攻击和防御的动作。和人类相比，动物的行为多姿多彩而又千奇百怪，但这些行为只为了一个目的：有效地适应环境，在充满竞争、危机四伏的自然界中生存下去。

捕食与防御

自然界中，动物吃动物，动物吃植物，都是捕食。而被捕食的动物，往往要采取自卫手段逃脱被吃掉的厄运，这叫防御。捕食与防御是动物生存的本能。不同的食肉动物有多种不同的捕食工具，如尖牙利齿和锋利的脚爪。它们还有多种捕猎方式，如奔跑捕猎、突袭捕猎等，有些还常常合作围猎。

狮子张开血盆大口。

伪装

很多动物都有天敌，它们为了保护自己或捕食猎物，采用变色、拟态、假死等手段把身体伪装起来去麻痹敌人。

箭毒蛙身上有黑与黄等多种色彩相间的颜色，像是在向天敌发出警告：我有毒，别碰我！

共生

大多数动物都是独立生活或与同种动物生活在一起，但也有两种不同的生物在一起生活的情况。它们之间有时对彼此有利，互不可缺；有时对一方有利，对另一方无利也无害；有时对一方有利，对另一方有害，这种关系统称共生。

寄居蟹居住的螺壳上常有海葵附着，海葵可随寄居蟹到处移动捕捉更多食物；寄居蟹则让海葵充当"看门人"，靠海葵触手上的刺细胞保护自己。

动物没有人类的语言文字，可是它们之间能够利用自己的声音、动作和气味等来交流、传递信息。例如，当啄木鸟在树干上找食虫子时，山雀会为它们站岗，通过发现危险就停止歌唱来报警；狐狸体内能分泌一种狐臭来标示领地，还可以通过其他狐狸留下的气味来识别其性别、地位等级和所在的具体位置；蜜蜂则用舞蹈动作来给同伴通风报信。

表示食物在
25 米以内

表示食物在
25 ~ 100 米

蜥蜴迫不得已会断尾逃生，它的尾巴过段时间还能再生。

狮子捕食野牛，野牛用角示威，借此吓退狮子。

乌龟长着坚固的甲壳，遇到危险立刻躲进去。

兰花螳螂静止时像朵花，吸引贪吃花蜜的昆虫自投罗网，也能骗过捕食者。

斑马身上的条纹能让天敌眼花缭乱，难以分辨。

变色龙的真皮内有多种色素细胞，随时能够改变体色，与周围环境融为一体。

杜鹃在繁殖季节会将卵产于其他鸟类的巢中，让其他鸟类充当宝宝的养父母。小杜鹃孵出后，杜鹃还会把养父母的亲生骨肉——卵和小鸟都扔出去。

白蚁的肠道中有一种害怕空气的单细胞动物，称为披发虫，它可以把木头变成葡萄糖，让白蚁享用。若没有披发虫，白蚁会饿死。

CHAPTER 2

史前动物

地球上起初的动物是生活在海洋里的原生动物，大约 6 亿年前才出现水母、珊瑚等无脊椎动物；又经过 1 亿多万年，海洋中出现了鱼类；大约 3.6 亿年前，两栖动物首次登上陆地，进而有了爬行动物；又过了约 1 亿多年，恐龙才出现，陆地上呈现出繁荣的景象。到距今 6600 万～180 万年时，地球上的物种更加丰富，跟现代的差不多。在距今大约 400 万年时，原始人类出现。有文字记载以前出现的动物，都属于史前动物。既然没有文字记载，我们是怎样知道史前动物的存在的呢？大自然用另一种特殊的文字来书写历史，这就是化石。化石是动物的遗体、遗物和遗迹等埋藏在地下各种沉积地层里形成的。科学家根据形形色色的化石和它们埋藏的不同地层层位等，了解到漫长的生物发生、发展和演化的全过程。

地球生命的诞生

地球最初形成时，是一个大火球。随着地球逐渐冷却，较重的物质沉到中心，形成地核；较轻的物质浮在上面，冷却后形成地壳。大约在 45 亿年前，原始的地球就已达到现在的大小。原始的地球上，既无大气，也没有海洋。在最初的数亿年里，由于原始地球的地壳较薄，加上小天体的不断撞击，造成地球内的岩浆不断上涌，地震、火山喷发随处可见。火山喷出的气体为原始大气。蕴藏在地球内部的水合物，在火山喷发过程中变成水汽升到天空，然后又通过降雨落到地面。降落到地球表面的水，填满了洼地，注满了沟谷，最后积水连成一片，地球上最原始的海洋就这样诞生了。大约在 38 亿年前，当地球的陆地上还是一片荒芜时，海洋中就开始孕育生命——最原始的细胞，其结构和现代细菌很相似，地球生命由此诞生了。

远古无脊椎动物

在 5 亿多年前的寒武纪，地球上藻类繁多，结构复杂，这为无脊椎动物发展提供了很好的条件。其间节肢动物中的三叶虫是数量最多的动物，且种类也占动物总类别的 60% 左右，另外腕足类占 30% 左右，还有大约 10% 是水母、蠕虫和软体动物等。

海笔

海笔属刺胞动物，是其他珊瑚类动物的近亲。它们常常单独居住在海底的沙地上，身体呈轴对称分布，非常像老式的羽毛蘸水笔，并因此而得名。海笔的下半部分固定在泥沙中，上半部分生有许多水螅虫。

三叶虫

三叶虫属节肢动物，出现在大约 5 亿年前的海洋中，其上下左右分成三个叶状的部分。这种动物足很多，依靠足的摇摆控制虫体在水中的运动。三叶虫长到一定大小时会蜕皮，一生中要多次蜕皮才能完全成熟。它们遇到天敌时，会将身体蜷成一团。

海百合

早期脊椎动物

在距今 5.4 亿～ 2.5 亿年的古生代，生物界有一个非常明显的飞跃。海洋中出现了数千种动物，鱼类大批繁殖；还出现了用鳍爬行的总鳍鱼，它们登上陆地，成为陆地上脊椎动物的祖先。地球表面从此迎来了一个生机勃勃的世界。

史前鱼类——邓氏鱼是大型肉食性鱼类，腭内是锋利的骨板，而非牙齿。

盾皮鱼

　　盾皮鱼生活在大约 **3.8** 亿年前，是已经完全灭绝的原始的有颌鱼类，头部、胸部均覆盖有坚硬的骨质甲片，形似盾牌，躯体后部覆盖着鳞片，让其他海洋生物无从下口，但也导致其行动迟缓。盾皮鱼具有颌和偶鳍，因此是真正的鱼类。

无颌鱼

　　无颌鱼又称"甲胄鱼"，是最早出现的原始鱼类，生活在大约 **4.1** 亿年前。它们没有上、下颌，作为取食器官的口不能有效地张合，限制了主动捕食能力，只能靠吮吸甚至仅靠水的自然流动将食物送进嘴里。它们的中轴骨骼还只是软骨，大多数身体的前端都包着坚硬的骨质甲胄，形似鱼类，但没有成对的鳍，活动能力很差，主要依靠身体的扭动来不断前进。现存的无颌鱼有七鳃鳗、盲鳗等。

提塔利克鱼

　　提塔利克鱼大约生存于 **3.75** 亿年前，古生物学家认为它们是鱼类（如生存在大约 **3.8** 亿万年前的潘氏鱼）和早期四足类（生存于大约 **3.65** 亿万年前的棘螈与鱼石螈）之间的过渡物种。因为提塔利克鱼同时具有鱼类及两栖类的特征，所以其发现者尼尔·苏宾认为它们属于四足形类动物。

恐龙时代

在 2.25 亿～6600 万年前，地球上轰轰烈烈地生活着一类奇异的大型爬行动物——恐龙，它们主宰地球长达大约 1.6 亿年。恐龙生活的年代，是地质时代的中生代，包括三叠纪、侏罗纪和白垩纪三个时期。恐龙最早出现在三叠纪晚期，到了侏罗纪和白垩纪，它们已变成一个庞大的家族，分布在世界各地。

异特龙

异特龙是肉食性恐龙，生活在距今大约 1.5 亿年的侏罗纪晚期。它们身长 12 米左右，头大，脖子粗壮，牙齿锋利，前肢短缩，有大型可大幅弯曲的指爪，适合抓握一定距离内的猎物，或是将猎物拉近。后肢长而有力，可作短距离冲刺，从而主动追赶猎物。

窃蛋龙

窃蛋龙是肉食性恐龙，生活在距今 8400 万～6600 万年的白垩纪晚期。它们身长 2 米左右，外形奇特，身披羽毛，大小如鸵鸟，长有尖爪、长尾，可以像袋鼠一样用坚韧的尾巴保持身体的平衡，跑起来速度很快。窃蛋龙群体生活在一起。成年窃蛋龙把卵产在用泥土筑成的圆锥形巢穴中。

恐龙的分类

兽脚类

兽脚类恐龙为肉食性，体形大小不一。小的如美颌龙，鸡一般大小；大的如棘龙，身躯庞大。

蜥脚类

蜥脚类恐龙为植食性，是迄今为止陆地上体重最重、体形最长的动物，需要不断进食补充体能。

覆盾甲类

覆盾甲类恐龙为植食性，体形庞大，用四肢行走，身上长有"铠甲"、骨板和棘刺，为自卫武器。

蜥臀目

鸟臀目

棘龙

腕龙

埃德蒙顿龙

霸王龙是一种凶猛的食肉类恐龙，生存在距今1亿～6600万年的白垩纪，是已知最大的食肉类恐龙。

恐龙的神秘消失

今天我们看不到恐龙鲜活的身影，只能看到它们的化石骨架。从对这些化石的研究中我们得知，恐龙在白垩纪晚期突然神秘地消失了。同它们一起消失的还有活跃在古海洋中的鱼龙、蛇颈龙和飞翔在天空中的翼龙。科学家们关于恐龙灭绝的原因有几十种假说，比较集中的是"小行星撞击""火山爆发"和"气候变异"说。

鸟脚类

鸟脚类恐龙为植食性，用后肢站立行走，用前肢抓取食物，繁殖能力强。

头饰龙类

头饰龙类恐龙为植食性，头上长角并附着骨质颈盾，有的用后肢两足行走，有的四肢着地行走。

禽龙

三角龙

海生爬行动物与空中飞行的翼龙

在恐龙统治地球的年代，天空被会飞翔的爬行动物——翼龙所占据，海洋则被蛇颈龙、鱼龙等巨大的肉食性爬行动物所主宰。

蛇颈龙

蛇颈龙是个头儿较大的一类海生爬行动物，因有一个长而灵活的脖子而得名。它们的四肢成为鳍状脚，生活习性类似于现在的海狮，可以用鳍脚爬上岸来休息、繁殖。

鱼龙

鱼龙是适应海生环境的爬行动物，外形和习性很像海豚。它们体长不等，身体呈流线型；没有明显的颈部，似剑的长吻向前伸出，嘴内长满锥状的牙齿。三角形的头部很自然地与身体融合，四肢已演变成鳍状足，起推动身体运动的作用。

翼龙

　　翼龙是会飞行的爬行动物。有的颌部长满了牙齿，有的长有长长的尾巴。它们的前肢第四指伸长，在延长的第四指及身体侧部之间有皮质翼膜。但翼龙的翼膜更像蝙蝠的而不像鸟的，比鸟的翅膀脆弱得多，甚至比用4个指头支撑的蝙蝠类翼膜也要脆弱得多，一般认为只能起滑翔作用。

史前鸟兽

在恐龙灭绝之后、人类出现以前，鸟类曾是地球上的霸主。但鸟类统治地球的好景不长，其霸主地位就被哺乳动物所取代。恐龙大约是在 6600 万年前灭绝的，那时哺乳动物已经在地球上出现并生存了大约 1.4 亿年。在以后的 2500 万年左右的时间里，一些哺乳动物的体重呈几何级数增长，巨型哺乳动物的体重不少都达到了 10 吨左右，足足增长了大约 1000 倍。许多哺乳动物轮流"坐庄"，成为一定时期某个大陆或世界上最大的动物。例如，在欧亚大陆，最大的动物在一段时期是犀牛，后来又成了大象；在南美洲，最大的动物有时却是啮齿类动物；而在非洲，史前最大的动物是巨型蹄兔。

始祖鸟

始祖鸟是已知最原始的鸟类，生活在大约 1.5 亿年前。始祖鸟的骨骼特点十分接近爬行类，但它们的前肢已愈合变成了翅膀，后肢留有脚爪，脚上三趾都有弯爪，全身披上了羽毛，有牙齿，还有长长的骨质尾巴。始祖鸟生活在恐龙时代，它们同时拥有鸟类及兽脚类恐龙的特征。它们的身体长达半米。

猛犸象

猛犸象曾经是世界上最大的长鼻类，它们身长体壮，身上披着长毛，皮较厚，有粗壮的四肢，脚生四趾，头特别大，嘴部长出一对弯曲的大门牙。一头成熟的猛犸象，身长可达 5 米，体高 3 米左右，门齿长 1.5 米左右，体重可达 4～5 吨。大小近似现代的亚洲象，但头骨比现代的象短而高。

始祖象

　　始祖象生活在大约 4700 万年前的始新世，分布在非洲埃及、苏丹、塞内加尔等地。始祖象并不是象的祖先，只是长鼻目进化史上一个已经灭绝的分支。它们的一些特征与长鼻目开始进化时的特征很相似，因此当初人们发现它们时，认为它们是象的祖先，为它们起名"始祖象"。

恐鸟

　　恐鸟生活在新西兰，是第四纪的巨型植食性平胸鸟类，翼完全退化，无飞行能力，于 1800 年彻底灭绝。恐鸟曾是新西兰众多鸟类中最大的一种，平均身高 3 米，比现在的鸵鸟还要高，以植物的叶子和果实为食。人类无节制的猎杀和对栖息地的破坏是导致恐鸟灭绝的重要原因。

原古马

　　原古马是马的祖先，生活在 4900 万～ 4300 万年前的始新世，分布在德国境内。原古马是稀少的动物，肩高 30 ～ 60 厘米。它们的头部很像极稀少的貘，属于奇蹄类动物，即一种包含貘、犀类等动物的族群。原古马居住在茂密的林间，身形看起来非常像现代的小羚羊，但它们只有细小如钉的小蹄，而且像猫犬一样，以掌垫行走。它们是草食性动物，吃浆果和叶子。

披毛犀

　　披毛犀是已灭绝的一种犀类，生活在 1.2 万～ 4000 年前。披毛犀身上披有御寒的长毛和浓密的绒毛。头骨长而大，额上和鼻上各长有一只犀角；鼻角尤其长而大，向前倾斜伸出。它们的臼齿齿冠很高，釉质层厚，有许多褶皱；齿凹内充填了致密的白垩质，适合于咀嚼质地干燥的草本植物。

第三章

CHAPTER 3

无脊椎动物

动物界中除脊椎动物以外的其他动物类群，被统称为无脊椎动物。

大多数无脊椎动物如海葵、蚯蚓、虾、蟹和昆虫，个体比较小。

有的无脊椎动物如大王乌贼、巨型章鱼等，却长得很大。

无脊椎动物的特征

无脊椎动物是动物类群中比较低等的类群，其最明显的特征是体内既没有脊柱也没有内骨骼。它们种类繁多，数量庞大，现存大约 150 万种（相较之，脊椎动物大约 5 万种），已灭绝的种类则更多。

章鱼

无脊椎动物与脊椎动物的主要区别：

● 无脊椎动物没有骨骼，或是只有外骨骼而没有真正的内骨骼和脊椎骨。

● 除了毛颚动物（如箭虫）外，无脊椎动物都没有位于肛门后方的尾巴。

● 无脊椎动物的心脏或主要血管位于消化管的背面，而脊椎动物的位于消化管的腹面。

● 无脊椎动物的神经系统多呈索状且位于消化管的腹面，脊椎动物的为管状且位于消化管的背面。

多孔动物

多孔动物是原始的多细胞动物，又称海绵动物，形似植物，无运动能力。身体一般是由两层体壁构成的纤维管，体壁有众多小孔。一些动物如藤壶、虾、蟹等常在其体外或体内附生。数量约 5000 种，常见的为各种海绵。

刺胞动物

刺胞动物有了初步的组织分化，身体中央有空腔。其触手、外伞表面等部位有刺细胞，可以放出有毒的刺丝捕食。全部水生，绝大部分生活在海洋中。数量大约 1 万种，常见的有水母、珊瑚、海葵等。

扁形动物

扁形动物开始出现两侧对称的身体结构，并形成器官系统。大部分种类为寄生生物。全世界大约 2 万种，中国已发现近 1800 种，常见的有绦虫、涡虫、血吸虫等。

环节动物

环节动物身体分节，器官系统更趋于完善，被称为高等无脊椎动物，为两侧对称、分节的蠕虫。体长从几毫米到 3 米不等。全球已发现 1.3 万余种，常见的有沙蚕、蚯蚓、蚂蟥等。

海绵

海葵

绦虫

蚯蚓

无脊椎动物的演化

无脊椎动物在地球上的出现时间至少比脊椎动物早 1 亿年。大多数的无脊椎动物化石出现在古生代寒武纪，当时已有节肢动物三叶虫及腕足动物，随后出现了古头足类及古棘皮动物的种类。到古生代末期，古老类型的生物大规模灭绝。中生代还存在古老类型的软体动物，如菊石，该类群在中生代末期逐渐灭绝，随后软体动物现代属种大量分化。而在古生代盛极一时的腕足动物仅存少数代表种，如海豆芽。

无脊椎动物	脊椎动物

软体动物

软体动物身体柔软，左右对称，不分节，大多数具有贝壳。有 10 万余种，常见的有田螺、蜗牛、蚌、牡蛎、蛤等。没有外壳而有内壳的章鱼、乌贼也属于软体动物。

节肢动物

节肢动物体躯有外骨骼，由 1 列体节构成，每节有 1 对分节的附肢。身体大小不等，最小的为体长不到 0.1 毫米的寄生蠕形螨，最大的为两螯左右展开时宽达 4 米的巨螯蟹。是动物界种类最多的动物，全世界大约有 100 万种，常见的有蚂蚁、蜜蜂、蜻蜓、蝎等。

有脊椎骨的动物

脊椎动物一般体形左右对称，全身分为头、躯干和尾 3 个部分。神经系统高度分化，有比较完善的感觉器官、运动器官等。主要包括鱼类、两栖类、爬行类、圆口类、鸟类和哺乳类动物等。

翠鸟

蜗牛

蝎

鱼类

刺胞动物

刺胞动物的身体中央有空腔，既能让水流来回循环，又能消化食物，既是空腔也是肠管，因此又称消化循环腔。刺胞动物约有1万种，绝大部分生活在海洋中，以热带和亚热带海洋的浅水区最为丰富。常见的刺胞动物有珊瑚、海葵、水母等。

身体只有一个口

刺胞动物的身体构造比较简单，只有一个口孔与外界相通，进食与排泄或排遗都通过这个口进行。

海葵

辐射对称的体形

刺胞动物的身体只有上下之分，没有前后左右之分，这是对水中固着生活和漂浮生活的一种适应，容易获取更多的食物。刺胞动物有水螅型和水母型两种类型。

水螅约有3000种，大部分生活在海洋中，分布十分广泛。少数栖于淡水中，如桃花水母。水螅体形很小，通常体长不超过3厘米。它一般固着在池塘、溪流的水草等物体上，或固着在海藻和岩石上，用触手猎食浮游生物。

◀ **水螅型**
水螅型刺胞动物呈圆筒状，一端为附着基盘，另一端有口和触手，身体中央则是消化循环腔。它们大多在水底固着生活，极少数如银币水母、帆水母等漂浮在水中生活。

水母型 ▶
水母型刺胞动物呈伞状或盘状，边缘有许多触手，凹入面中央有口，漂浮在水中生活。

刺胞动物的武器——刺细胞

刺胞动物的刺细胞由盖、刺丝囊、刺柄和刺丝组成。刺丝尚未射出时，刺细胞为圆形、卵形、梨形、棒形等形状。刺胞动物受到刺激时，刺丝立即外翻射出，在刺入其他动物组织的同时排出毒液，使其被麻痹或死亡。有的刺细胞能用刺丝将敌方或猎获物捆缚起来。有些寄生的海葵以触手上的刺细胞附着在寄主水母体上。

刺细胞发射后

刺细胞发射前

在刺胞动物中，管水母亚纲的僧帽水母等水母的刺细胞   ▲
毒性较大。

共栖和共生

有疣海葵附生在寄居蟹和寄居蟹所栖息的螺壳上，寄居蟹借海葵的刺细胞以作防御，而海葵则可以随寄居蟹移动，以扩大活动范围，得到更多的食物。

有些幼鱼栖息在水母的内伞口腕之间。水母虾生活在海蜇口腕之间。这些幼鱼和虾都受到水母的保护，而水母也通过幼鱼和虾的帮助来发现敌害。

一些藻类在水母、软珊瑚和造礁珊瑚等的体内共生，利用刺胞动物体内的代谢产物（如二氧化碳）进行生长，而刺胞动物可以利用这些藻类的光合作用产生的氧来呼吸。

海葵

　　海葵广泛分布在海洋中，因外形像葵花而得名。海葵一般为单体，无骨骼，富肉质。它们多数栖息在浅海和岩岸的水洼或石缝中，少数生活在大洋深处。海葵有 1000 多种，中国海区有 100 种以上。海葵的体色通常为黄色、绿色或蓝色。温暖海水中的海葵个头儿最大，色彩最鲜艳，数量最多。

单体海葵

　　单体海葵通常呈圆筒状，身体分为口盘、体柱和基盘（或足盘）三部分。口位于身体上端，口周围的部分称为口盘，围以颜色鲜艳的花瓣状触手。体柱外壁通常比较粗糙，少数薄而光滑。消化能力非常强，猎物一到其胃中很快便被消化。

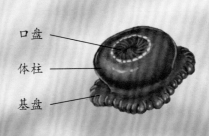

口盘
体柱
基盘

怒放的触手

　　海葵的触手常为圆锥形，数量少的有十几个，多的达上千个。这些触手一般都按 6 和 6 的倍数排成多环，彼此互生。内环先生且较大，外环后生且较小。大多数海葵固定在礁石等物体上，主要用触手上的刺细胞麻痹并捕食小型甲壳动物、软体动物和鱼等，也可用触手上的纤毛捕获有机颗粒。少数海葵把身体埋藏在海底泥沙中，仅露出口和触手。有的海葵能靠触手在水中游泳。

海葵与其他生物共生

　　寄居蟹常把海葵放在其栖居的螺壳上携带着。当寄居蟹长大，旧壳已经太小时，它们便重新寻找螺壳，并把海葵也移到新壳上。

　　有些海葵常附着在某些蟹类的大螯或头胸甲上，与其共栖，借以迁移捕食并保护共栖者免受敌人的侵袭。

　　双锯鱼又称海葵鱼，可以安全地生活在一些海葵有毒的触手间，但这些鱼类会被其他海葵个体甚至同一种海葵的其他个体所蜇伤和吞食。

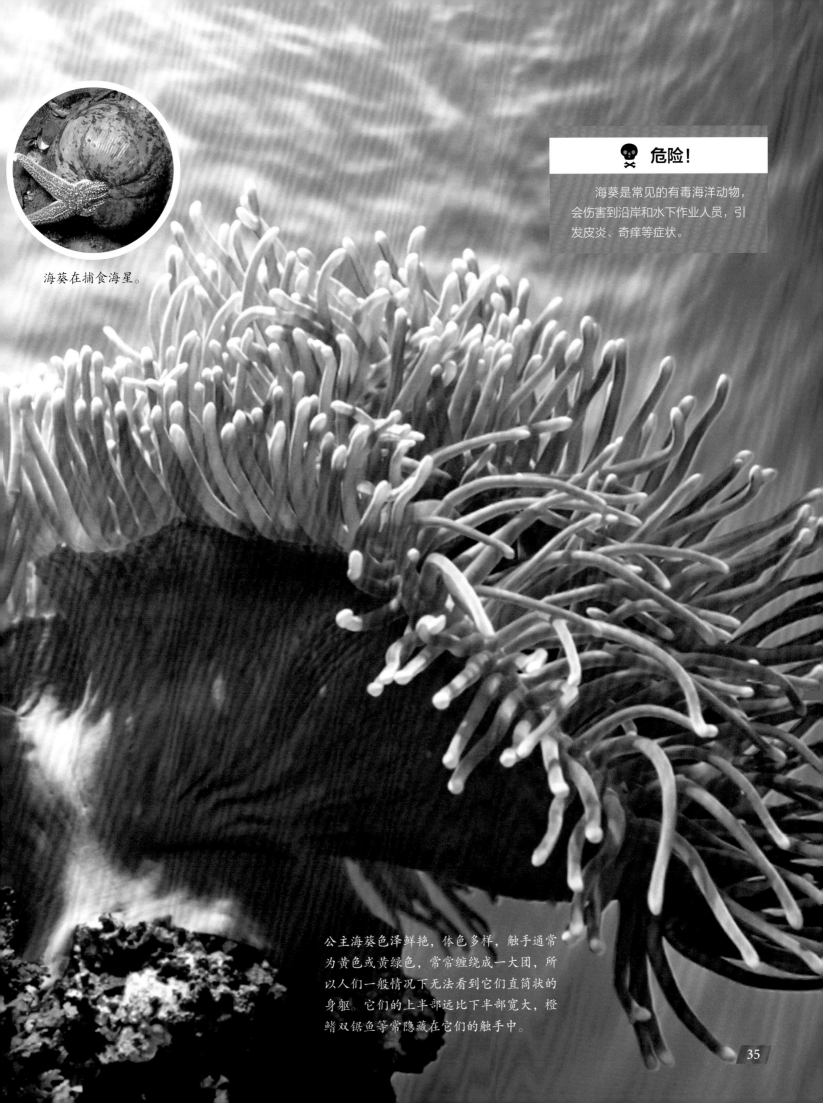

海葵在捕食海星。

公主海葵色泽鲜艳，体色多样，触手通常为黄色或黄绿色，常常缠绕成一大团，所以人们一般情况下无法看到它们直筒状的身躯。它们的上半部远比下半部宽大，橙鳍双锯鱼等常隐藏在它们的触手中。

水母

　　水母是一类重要的海洋浮游生物，绝大多数生活在海中。很多水母既有水母型，也有水螅型。水母型是浮游的。人们往往根据水母伞状体的特点为其命名，如按照形状命名为僧帽水母、帆水母、雨伞水母等；按照发光特征命名为银水母、霞水母等。全世界的水母约有 1000 种，中国已记载浮游水母约有 360 种。

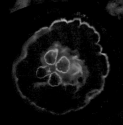

海月水母

透明的澳大利亚箱形水母

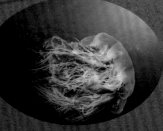

伞状体直径可达 2 米
长的北极霞水母

僧帽水母

布下天罗地网

　　水母大多是肉食性动物，猎食对象为甲壳动物、软体动物、浮游幼虫、原生动物以及小鱼、小虾等。通常情况下，水母不会主动捕食，多是猎物撞到水母的触须后很快便被制服了。比如有的管水母伞径仅 11 厘米左右，但当触手丝伸出时能长达 5 米以上，它们通过在水中来回移动、收缩或展开触手丝来捕食小动物。水母能捕获比自己大许多的猎物，捕食后身体会一下子胀得很大，然后慢慢消化猎物。

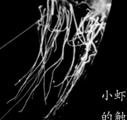

小虾被水母
的触须缠住。

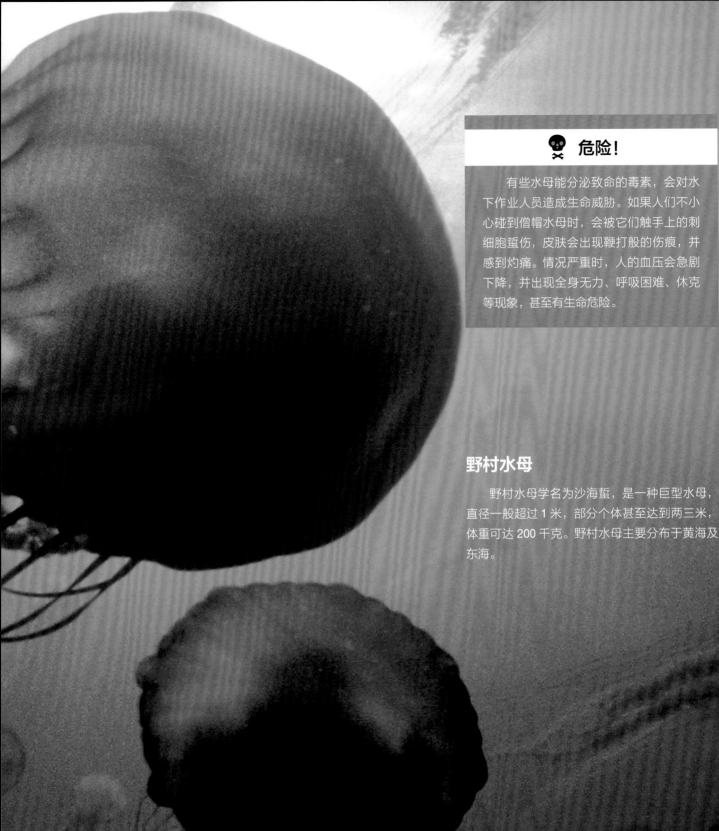

有些水母能分泌致命的毒素，会对水下作业人员造成生命威胁。如果人们不小心碰到僧帽水母时，会被它们触手上的刺细胞蜇伤，皮肤会出现鞭打般的伤痕，并感到灼痛。情况严重时，人的血压会急剧下降，并出现全身无力、呼吸困难、休克等现象，甚至有生命危险。

野村水母

野村水母学名为沙海蜇，是一种巨型水母，直径一般超过 1 米，部分个体甚至达到两三米，体重可达 200 千克。野村水母主要分布于黄海及东海。

水做的水母

为了适应浮游生活，水母身体柔软，体内含水量高，一般可达 98% 以上，所以看上去是透明的。

沙滩上的水母

珊瑚

　　珊瑚是有生命的水螅型刺胞动物，通常被称为珊瑚虫。"珊瑚"一词
又指这些动物死后遗留下来的石灰质骨骼。珊瑚主要生活在热带浅海区，
有 6000 多种。珊瑚多数为群体（如软珊瑚、柳珊瑚、海鳃和角珊瑚等），
少数为单体（如单体石珊瑚等）。

珊瑚的神奇构造

　　珊瑚能固着在海底或一些岩石表面，管状身体的上端是口，在口周围长
着能分泌毒素的触手，用来捕食周围的浮游生物。珊瑚的管状体外壁能分泌
出石灰质，这些物质形成包围软体的外骨骼。珊瑚遇到危险时，常缩回骨骼中。

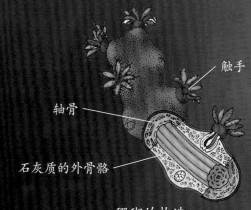

触手

轴骨

石灰质的外骨骼

珊瑚的构造

红珊瑚

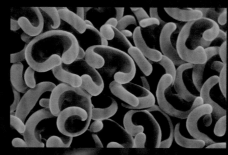

扁脑珊瑚

锚状珊瑚

珊瑚用触手捕食
小型甲壳动物、小
鱼和其他小动物。

造礁珊瑚

　　造礁珊瑚的胚胎最外层胚层分泌出石灰质的物质，能像树一样不断长出分枝，组成外骨骼。这些外骨骼相互联系、聚集，逐渐堆积成珊瑚礁，甚至累积成岛屿。我们平常看到的珊瑚工艺品，就是由许多珊瑚虫的外骨骼交织成网而构成的，如红珊瑚。中国的西沙群岛和南沙群岛就是由珊瑚礁累积而成的岛屿。生长在近岸海边的珊瑚礁是天然海堤，可防海浪冲击，但有的发展成暗礁，成为航行的障碍。

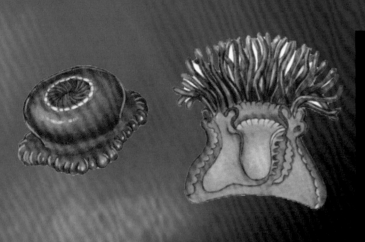 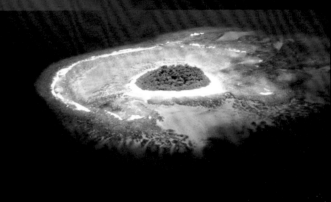

珊瑚礁是由珊瑚组成的大块礁石，但不一定露出水面。　　　　　珊瑚岛是由珊瑚礁组成的岛屿。

珊瑚的生长很奇特。许多珊瑚聚集起来，组成的群体多呈树枝状，能像树一样不断长出分枝，从而建立起珊瑚群体。

环节动物

环节动物身体两侧对称，由许多相似的环状体节构成，有的长着刚毛和疣足。环节动物栖息于海洋、淡水或潮湿的土壤，是泥沙中最占优势的潜居动物。

身体分节

环节动物的身体分为许多相似而重复排列的体节或环节，沿着虫体的前后轴组合而成。蛭的体节数恒定为34节，其他环节动物则为5～1000节不等。体节与体节之间的结合部分，从外表看是环形沟，内部则由隔膜隔开。环节动物体内的重要器官如排泄器官、环血管、神经节等也都是重复排列的。

蚯蚓

环节动物通常分为三类

多毛类

多毛类是环节动物中最大的一类。有发达的头部和触角、触手、触须、眼等感官，有疣足和成束分布的刚毛，体腔发达。多数为雌雄异体，一般体长不超过50毫米。主要生活在海洋中，大多栖息于海底或浮游生活，极少数共栖或寄生。已知近万种，代表动物为沙蚕。

沙蚕的疣足多为双叶型，具内足刺，外有刺状或镰状复型刚毛。

寡毛类

寡毛类头部不发达，没有疣足，有刚毛，体腔发达。成熟个体身上有环带。雌雄同体，直接发育。多数在陆地生活，也有在淡水中生活的。已知3000多种，其中约200种为海生动物，代表动物为蚯蚓。

肌肉发达，运动灵活

环节动物多肌肉发达，运动灵活。如蚯蚓的体壁肌肉发达，分为环肌和纵肌。蚯蚓运动时，依靠的就是环肌和纵肌的交替舒缩以及与体表刚毛的配合。当蚯蚓前进时，其身体后部的刚毛钉入土里，使后部不能移动，这时环肌收缩，纵肌舒张，身体就向前伸长了；接着身体前部的刚毛钉入土里，使前部不能移动，这时纵肌收缩，环肌舒张，身体就向前缩短。蚯蚓就是这样波浪式地一伸一缩，在土壤中灵活穿行的。

蚂蟥

蚂蟥的身体前后两端或仅后端具有吸盘。没有疣足，没有刚毛或刚毛退化。体腔很不发达，为肌肉和结缔组织所充填。具有环带。雌雄同体。体长3～250毫米。主要生活于淡水中，陆生和海生者较少。已知约500种，其中约75%为吸血或吸体液的外寄生者，寄主主要是脊椎动物，也偶见于甲壳动物。

出现运动器官

许多多毛类环节动物能自由运动，其运动器官就是发达的疣足和刚毛。疣足和刚毛给虫体的运动、锚定、摄食、感觉、呼吸或孵卵带来极大的便利。除了大部分蛭类外，环节动物的体壁具有几丁质刚毛。寡毛类环节动物的刚毛较少，成对或成环地着生于体壁；多毛类环节动物的刚毛较多且成束，多位于疣足叶上。疣足是直接由身体两侧突出的成对附肢，与身体没有关节相连。

蚯蚓

蚯蚓是陆生环节动物，生活在土壤中，昼伏夜出，以腐败有机物为食，将其连同泥土一同吞入，也摄食植物的茎、叶等。全世界有2500多种蚯蚓，中国已记录200多种。

身体构造

蚯蚓躯体前后两端渐细，尾端稍钝，分为许多体节，某些内脏器官（如排泄器官）见于每一体节。体前段有几个体节稍粗，无节间沟，称环带。不同蚯蚓的环带部位不同。蚯蚓没有视觉及听觉器官，但能感受光线及震动。

蚯蚓解剖示意图

食土

蚯蚓几乎存在于世界各地所有湿度合适并含有足够有机物质的土壤中。蚯蚓以土壤中腐烂的物质为食，进食的同时吞下大量的土壤、沙及微小的石屑。

翻土能手地龙

　　蚯蚓一般留在土壤表层，但在干旱时或冬季可钻入地下约2米深处。蚯蚓为多种鸟兽的食物，又间接为人类提供食物。蚯蚓可以疏松土壤，利于土壤通气和排水。蚯蚓还能把有机物质拖入它们的洞穴，使其加速分解，从而增加植物生长所需的营养成分。

不可思议的再生能力

　　蚯蚓具有再生能力，身体被切断以后，在断面处会生出类似胚胎的组织，很快将失去的部分补偿好，长成一条新的蚯蚓。再生能力强的是蚯蚓身体前端第五节到第八节的地方。如果把蚯蚓第九节以后的地方切断，其再生能力就很弱，过程很长，生殖器官也不能恢复。如果将蚯蚓的第十五节以后切断，它就不能再生出头部，只会长出一个缺脑袋的尾状体，成为一条有2个尾巴的变态蚯蚓。

蚂蟥

蚂蟥也叫蛭。与其他环节动物不同，蚂蟥多数为体外寄生虫。它们的躯体上没有刚毛，但前后端有吸盘，体内肌肉发达。世界已知蚂蟥约有 600 种，中国约有 90 种。

贪婪的"吸血鬼"

吸血的蚂蟥只是偶尔才有机会吸血，因此每次吸血量很大，相当于自身体重的 2.5 ~ 10 倍，可供其在几个月内慢慢地消化。蚂蟥在没有机会吸血时，体内能量消耗会减少到非常低的程度，所以即使每年只吸 1 次血，也不会饿死。蚂蟥吸血时，会分泌一种使血液不能凝固的物质，即蛭素，所以它们可以源源不断地吸血。当它们吸饱后，宿主的伤口仍会流血不止。

蚂蟥吸完血变成"小胖子"。

蚂蟥的卵茧

医蛭是中国分布最广、危害最大的一种吸血蚂蟥，一般在田埂边或水渠边产卵茧。卵茧的外形像蜂窝，里面有 10 ～ 20 粒卵。幼蛭于每年五六月份孵化，刚孵出来就能吸血，到九十月份体长可达 30 毫米，在外形上与成虫毫无二致。

蚂蟥的卵

小蚂蟥

蚂蟥的妙用

在古代，不少国家曾利用医蛭吸血来给病人放血。19世纪，欧洲曾普遍采用医蛭放血法，法国在 1827 ～ 1854 年，每年进口医蛭 800 万～ 5700 万条。中国古时把饥饿的蚂蟥装入竹筒，扣在皮肤上令其吸血，治赤白丹肿。在断指再植等整形外科手术后，利用蛭吸血消除接通后血管的血流堵塞。此外，各国还研究利用蚂蟥作为水域污染的指示种，利用它们辅助天气预报。

蚂蟥疗法

运动方式

蚂蟥的运动可以分为游泳、尺蠖运动和蠕动 3 种方式。

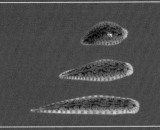

蠕动是把身体平铺在地面上。当前吸盘固定时，后吸盘松开，其身体沿着水平面向前方缩短；接着后吸盘固定，前吸盘松开，身体又沿着水平面向前方伸展。速度虽慢，但可钻入缝隙。

蚂蟥在水中采用游泳的形式，即靠背腹肌的收缩，环肌放松，身体像一片柳叶一样平铺伸展，向前做波浪式运动。

蚂蟥离开水在岸上或植物上爬行时，采用尺蠖运动和蠕动的方式。做尺蠖运动时，先用前吸盘固定，后吸盘松开，身体弓起，后吸盘移到紧靠前吸盘处吸着，这时前吸盘松开，身体尽量向前伸展；然后前吸盘再固定在某物体上，后吸盘松开，这样交替吸附前进。

此外，生活在水边石块下的扁舌蛭等有蜷曲的习性。一受惊动，它们身体两端就向腹面弯曲成圆球形。有的种类会翻滚。

软体动物

软体动物有柔软的身体，因为大多数具有贝壳，所以又称贝类。软体动物种类繁多，现存超过 13 万种，仅次于节肢动物，是动物界的第二大门类，分布广泛。

两极分化的头部

软体动物的头部位于身体前侧。一些软体动物的原始种类只有口，头部与身体没有明显的界线，如石鳖；有些头部很发达，与身体有明显的区分，如乌贼；有些躯体完全被包于外套膜和贝壳之内，头部退化，如蚌类、牡蛎等。

石鳖

蜗牛

乌贼

坚硬的外壳

体外长有贝壳是软体动物的重要特征。大多数软体动物有 1～2 个贝壳，也有一些种类的贝壳退化成内壳，有的无壳。

贝壳

运动器官——足部

软体动物的足部位于身体腹侧，是运动器官，随生活方式不同而呈现出不同的形式。

蛤

扇贝

象拔蚌

蜗牛

足部能强力挺进做跳跃式运动，如三角蛤、斧蛤等。

足萎缩，但生有足丝腺，能分泌足丝，用以在附着物上生活，如贻贝、扇贝等。

足部可以依靠肌肉伸缩做缓慢移动，或挖掘泥沙而潜入其中，如河蚌。

足部特别发达，底部平滑，适于在陆地或水底爬行，如蜗牛、蛞蝓、鲍鱼、骨螺、海兔等。

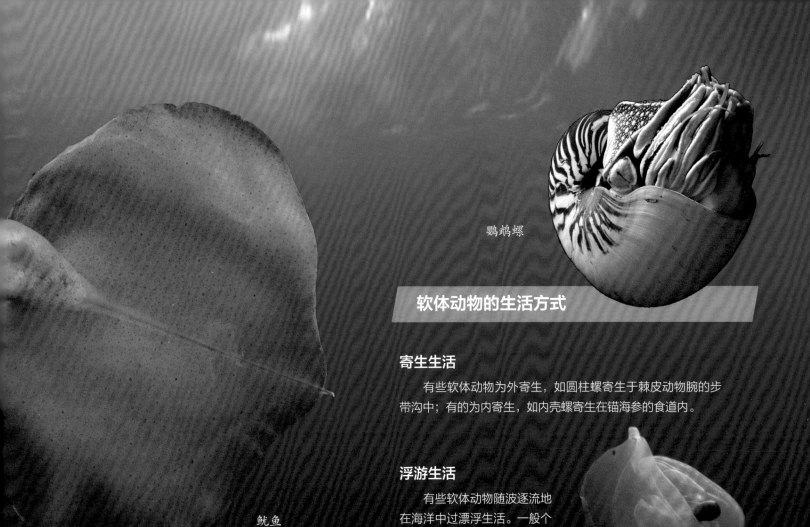

鹦鹉螺

鱿鱼

软体动物的生活方式

寄生生活

有些软体动物为外寄生，如圆柱螺寄生于棘皮动物腕的步带沟中；有的为内寄生，如内壳螺寄生在锚海参的食道内。

浮游生活

有些软体动物随波逐流地在海洋中过漂浮生活。一般个体较小，贝壳很薄或没有贝壳，如海蜗牛。

浮游的海蝴蝶

游泳生活

有些软体动物能和鱼类一样在海洋中做长距离洄游。它们的足演化成腕和漏斗，胴部两侧产生鳍，靠漏斗喷水和鳍的作用可以迅速平稳地游动，如乌贼、枪乌贼、鱿鱼等。

底栖生活

有些软体动物在水底匍匐爬行，如鲍、田螺、织纹螺等；有的在水底外物上固着，如牡蛎、猿头蛤、海菊蛤等；有的靠发达的足部挖掘泥沙并把整个身体埋于其中，如蛤蜊、竹蛏等。

骨螺

足环绕头部，上面生有许多吸盘，并有一部分变态成漏斗，适于游泳生活。足部通常生有平衡器，有些种类在足的上部生有许多触手。

蜗牛

蜗牛俗称"水牛""蜒蚰蠃",是陆地上最普通的一类软体动物,分布于热带和温带地区。中国各地都有分布。

"牙齿"数量世界第一

蜗牛的"牙齿"小得难以用肉眼看清,但数量之多排名世界第一。其口腔内有135排"牙齿",每排100余颗,可以形成其独特的器官——齿舌。蜗牛的齿舌就像一把锉刀,不但能够用来摄取食物,还可以用于开掘隧道。

"牙好胃口就好"

蜗牛食性广而杂,不挑食,胃口好,能够摄取多种蔬菜、瓜果、腐殖质甚至厨余垃圾,能从石灰质岩石上摄取钙质。在极其适宜的环境中,还生存有捕食其他蜗牛的肉食性蜗牛物种。

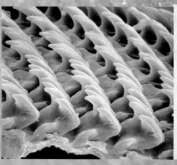

蜗牛的"牙齿"

蜗牛背上的壳

　　蜗牛外形最大的特点就是背部有螺旋形的壳，一般呈圆锥形或球形。壳面光滑，常有深褐色带。自然界中蜗牛的贝壳多为右旋。右旋是指从贝壳的顶端观察，沿壳顶至壳口的螺旋方向为顺时针；逆时针方向称左旋。

蜗牛的天敌——萤火虫

　　蜗牛最致命的天敌是萤火虫，幼虫蚕食蜗牛的身体。萤火虫幼虫会用针头一样的口器刺入蜗牛的身体，注射一种毒素使蜗牛麻痹，然后将消化液注入蜗牛体内，再通过中空的口器吸食半消化的物质。另外，还有一种粉螨，喜欢以蜗牛的体液和外套膜为食。

"水牛，水牛，先出犄角后出头"

　　蜗牛的触角很特别，平时都缩在壳里，爬行时才会伸展出来慢慢活动。这时的触角像牛角一样，也许这就是人们叫它们蜗牛的原因。蜗牛用触角来"探测"外界环境。走路时如果其触角触碰到障碍物，蜗牛就会改变行进的方向。

分泌黏液

　　蜗牛是软体动物，足在腹部，扁平宽大。在爬行时腹足会分泌出滑腻白润的黏液，因此它们爬过的地方总留有一条痕迹。黏液能使其足部保持湿润，避免爬行时受到损伤。若把蜗牛放到玻璃板上观察，就可以看到它们的腹足呈波浪形运动。蜗牛行动缓慢，对环境条件很敏感。蜗牛怕热，适宜在散射光下生活。它们平时栖息于潮湿地区，夜晚和雨后外出活动。

潜望镜似的眼睛

　　蜗牛头顶一对触角上有两个小黑点——眼睛。蜗牛缩在壳里时照样能觉察到外界的动静，这是因为光线射进蜗牛壳的时候，能经过壳内壁折射照在它们的眼睛上，这样它们便能"看到"外面的情况。现代医学中的胃窥镜就是依据这一原理发明的。

　　蜗牛是"近视眼"，它们的视力很差，在微弱的光线下能看6厘米远，在强光下只能看到四五毫米远。

蛞蝓

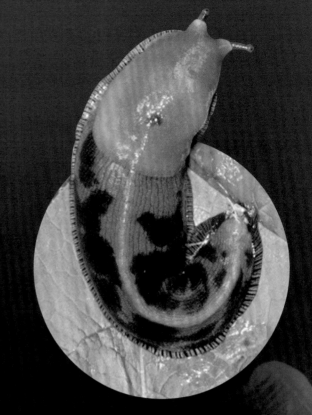

蛞蝓俗称"鼻涕虫"。它们的身体特别柔软，呈不规则圆柱形，就像没有壳的蜗牛，爬行时又会拉得很长。其实有一小部分蛞蝓也有壳，它们的壳退化为石灰质的薄板，位于身体前端背部，被外套膜包裹而成内壳。蛞蝓和蜗牛是"亲戚"，有很多相同的体形特点，比如蛞蝓也有两对触角，眼睛位于前触角或后触角的顶端；蛞蝓也跟蜗牛一样分泌黏液，在爬行处留下银白色的痕迹。蛞蝓白天喜欢隐藏在阴暗、潮湿的地方，黄昏后或下雨时才肯出来觅食和交友，夜晚是它们外出活动的高峰时段。蛞蝓小的时候喜欢吃豆苗的嫩叶嫩芽，长大后更喜欢吃棉花、萝卜、白菜和花生。同时，蛞蝓也是甲虫、蛙类、鸟类、鼠类等爱捕猎的食物。

黄蛞蝓

黄蛞蝓是中国常见的种类。它们爬行时体长可达 12 厘米，身体呈黄褐色或深橙色，有浅黄色的斑点。它们生活在阴暗潮湿的地方或人类住宅的阴暗处，最喜欢在高湿、高温的季节出来活动。它们喜欢取食植物，是农业害虫。在人类住宅内，它们常在食物上爬行，留下银白色黏液的痕迹。

血红六鳃海蛞蝓，又名西班牙舞姬。

安娜多彩海蛞蝓

海蛞蝓

在世界各地海域的深处，有一群色彩艳丽的腹足类动物。它们个头儿较小，行动迟缓，味道鲜美，却让众多的捕食者望而却步，因为它们体内可分泌出麻痹敌人神经的毒液。一旦遇到危险，它们还能释放出紫色的液体当烟幕弹，保护自己顺利逃脱。它们就是海蛞蝓，也叫海兔，常见的有裸鳃类海蛞蝓。

灌丛背海蛞蝓

灌丛背海蛞蝓又叫多叶
枝背海牛，常常在寒带海底
匍匐生活，体色为褐色和黄
色，具有树枝状的露鳃。

蓝海蛞蝓

　　蓝海蛞蝓又叫海神鳃或大西洋海神鳃，体长可达 6 厘米，
背和腹的侧面为深蓝色和银灰色，主要分布在热带海洋中。它
们能吞入空气在胃中形成气泡，这样就能仰浮于水面。蓝海蛞
蝓的身上前后共长有 3 对长短不一的刺状"触角"，每当受到
外来威胁时，这些刺状细胞就会向外张开做好防卫，吓退捕食者。

贝

具有贝壳的软体动物种类繁多，贝壳的形态也各有不同。双壳纲软体动物因体被两个贝壳而得名，是贝类中的一个大类。双壳纲软体动物因身体腹面有一斧状的扁形足，因此也称斧足纲。双壳纲有鳃 1 ～ 2 对，呈瓣状，故又名瓣鳃类。瓣鳃的主要功能是收集食物，进行气体交换。双壳纲因头部不明显或退化，又叫无头类。

砗磲

砗磲的外壳坚硬，形如波浪，边缘有突起，又称五爪贝。砗磲身躯庞大，常与数以十亿的单细胞藻类（如虫黄藻）共生。它们多生长于阳光充足的地方，以利于其身上的共生藻进行光合作用。砗磲对光线十分敏感，阳光越强，其外壳就越艳丽。

扇贝

扇贝是双壳类软体动物，因外壳很像扇面而得名。其外壳可呈紫褐色、浅褐色、黄褐色、红褐色、杏黄色、灰白色等，扇贝能用贝壳迅速开合排水，游泳速度很快。

贻贝

贻贝又叫海虹，其外壳呈黑褐色、黄褐色或翠绿色，喜欢群居，在中国的海域都有分布。

珍珠的形成

很多种贝类如鲍鱼、蚌、贻贝、江珧、砗磲等，都能产生珍珠。在贝类进食的过程中，沙粒、寄生虫等异物偶尔掉进壳内，外套膜受到刺激，就会分泌出珍珠质，把掉进去的异物层层裹住，使其圆滑，逐渐形成珍珠囊。养殖珍珠就是根据这个原理，运用插核技术将圆形珠植入蚌内，使其慢慢形成珍珠的。

河蚌

河蚌壳面光滑，具有同心圆状的生长线，或为从壳顶到腹缘的放射线。河蚌多栖息于淤泥底等水流缓慢的水域，常分布于江河、湖泊、水库和池塘内。中国常见的是背角无齿蚌，壳长可达 20 厘米。

象拔蚌

象拔蚌的虹吸管又大又长，在觅食时伸展出来，形如象鼻，因此得名。象拔蚌能够把自己埋在海底深达 1 米处。

螺

腹足纲是软体动物最大的一个纲,种类占软体动物总量的 80% 以上。腹足纲动物大多具有一个锥形、纺锤形或扁椭圆形的外壳,壳上有旋纹,呈螺旋形扭转。该类生物一般统称为螺。

法螺

法螺的壳大而坚硬,呈纺锤形,螺旋部较高,壳高可达 35 厘米。贝壳表面覆以绒毛状的壳皮,透过壳皮可见白色和褐色花纹。法螺外形独特,花纹漂亮酷似孔雀尾羽,是常见的观赏品种。法螺在中国产于南海。它们是食肉动物,以足紧裹被捕动物,然后以吻分泌酸性液,穿透猎物外壳,以食其肉。它们以此方法捕食海星、海胆和其他软体动物。它们能捕食破坏珊瑚礁生长的长棘海星,可以说是珊瑚礁的保护者。

芋螺

芋螺又叫鸡心螺,其长管状的喙里长有可怕的毒刺。当猎物靠近时,毒刺像鱼叉一样在 0.25 秒内射出,刺入猎物后,毒液不到 1 秒钟就将猎物麻醉。芋螺虽然个头儿不大,但一旦刺中了人,可能使人中毒死亡。

骨螺

骨螺多数生活在浅海泥沙、岩石或珊瑚礁间，中国沿海已知有150种左右，南北沿海均有分布。骨螺的贝壳造型奇特，花纹丰富多彩，千姿百态。骨螺是肉食性动物，常用足部的钻孔器在猎物贝壳上钻一个圆形小孔，然后把自己的吻突从这个小孔插入猎物体内，食其肉。荔枝螺捕食牡蛎，红螺捕食蛤等都是采用这种方法。

知道多一点

鹦鹉螺不是"螺"

鹦鹉螺是长有螺旋状外壳的软体动物，但它们不属于螺类，而和现代章鱼、乌贼类是近亲。鹦鹉螺的贝壳很漂亮，构造也颇具特色。这种石灰质的外壳大而厚，左右对称，沿一个平面做背腹旋转，呈螺旋形，整个螺旋形外壳光滑如圆盘状，形似鹦鹉嘴，因此得名。鹦鹉螺剖面看似旋转的楼梯，其壳内由隔壁分成约30个壳室，活体居于最后端最大的壳室中。鹦鹉螺主要通过串管排出海水，调节自身的重量而浮沉于水层中。活体死后，空壳充气上浮，随海流四处漂荡，散布很广。鹦鹉螺白天在珊瑚礁间或海底栖息，或以短腕爬行，夜间常凭借漏斗和串管排出海水进行短暂游泳。它们主要以虾、蟹、海胆等为食。

万宝螺

中国的万宝螺大多数产于南海，整体色彩以红褐色为主，有少量白色。万宝螺壳厚而沉，壳面光滑而温润。

章鱼和乌贼

章鱼、乌贼同属海洋软体动物。由于这类动物的显著特点是"脚长在头上"，所以生物学家称其为头足类。

太平洋巨型章鱼与潜水员

聪明的章鱼

科学家们发现，章鱼是一种聪明而奇特的无脊椎动物。它们有获得信息的能力，还有短期和长期的记忆能力。这种记忆能力，一是通过视觉刺激获得，一是通过触觉刺激获得。

长满腕足的头

海洋头足类均有一个明显的特征，那就是头部长满了腕足。由于种类不同，腕足的数量也不一样。章鱼的腕足有 8 条，而乌贼或枪乌贼的腕足有 10 条。鹦鹉螺是唯一现存的长有贝壳的头足类，其腕足达 90 条。

奇怪的癖好

章鱼喜欢藏身于瓶瓶罐罐等容器中，人们在从海底打捞上来的容器中，时常会发现章鱼的身影。各地的渔民利用章鱼的这一爱好来捕捉它们，将拴起来的陶罐、海螺壳等扔进大海捕捉章鱼。

奇特的捕食方式

章鱼、乌贼、枪乌贼等头足类都长有类似鹦鹉嘴的鹦鹉颚。它们一旦用腕足捕获甲壳类、鱼类，便可利用上、下颌死死咬住猎物，并迅速排放体内有毒的液体，使猎物丧失反抗能力，然后利用消化液将其逐步分解食用。

章鱼的身体

章鱼很容易辨识，因为它们长着大大的脑袋和8条满是吸盘的长腕足。猛一看，章鱼除了头之外，就是腕足了。我们看到的章鱼头是其奇特身体的主要部分。在那特别大的脑袋上，长着一对大大的眼睛，眼睛下方的嘴很像鹦鹉的嘴。章鱼的躯体与头部一体。从头部伸出的长腕足，有防御和捕食能力。章鱼的头部除了嘴以外，还有大脑及消化、呼吸系统。章鱼长有墨汁腺，可喷墨。

喷水推进系统

软体动物由于缺少足够的肌肉力量，很难长距离快速游动。但章鱼和乌贼却像鱼那样不仅游得远，还游得快，这是因为它们体内有一套很奇妙的推进系统。在章鱼和乌贼的颈部，有一个类似炮筒的管子，称作漏斗。漏斗连接着可以贮藏大量水的外套腔。当肌肉收缩时，外套腔里的水从漏斗高速喷出，像火箭一样使身体快速前进。

会变的体色

章鱼的神经系统能准确控制皮肤上的色素细胞。这种细胞极为敏感，在受到外界刺激后，就会排列到表皮，使身体呈现出不同的颜色。变色可以缓慢进行，也可以在瞬间发生。章鱼改变体色不仅是为了伪装躲避敌人，也可反映它们的情绪变化，例如红色代表愤怒，白色代表恐惧。

乌贼喷墨

遇到危险时，乌贼会喷出墨汁当烟幕弹，趁机逃走。乌贼的消化系统中有墨汁腺和墨汁囊，当它们受到惊吓或侵扰时，会将墨汁从肛门喷出。墨汁一旦接触海水会很快扩散，随即在海水中形成一团黑雾，乌贼便能趁机逃跑。有的乌贼长年生活在见不到光的深海，一旦遇到敌害或受到刺激，它们便会释放闪闪发光的墨汁。这种闪光的墨汁有极强的麻醉作用，敌害一旦接触，视觉和嗅觉便会失灵，乌贼这时就能趁机逃走。

节肢动物

节肢动物的身体由许多体节组成，每一体节通常具有一对附肢；附肢又分成若干以关节连接的分节即肢节，因此得名。节肢动物是动物界中最大的类群，包括 110 多万种，占动物总量的 85% 以上。节肢动物也是无脊椎动物中唯一真正适于陆地生存的动物，占据了陆地的所有生活环境。

身体分节

节肢动物的身体由很多结构各不相同、机能也不一样的环节组成。它们的身体通常可分为头、胸、腹 3 个部分，也有的胸部和头部或胸部和腹部合在一起，还有的全身没有头、胸、腹之分。节肢动物身体的分化以及身体变化的多样性，使身体各部分有了进一步分工。如分为头、胸、腹 3 个部分的昆虫，头部负责感觉、摄食，胸部负责运动，腹部负责营养、生殖，这使其身体构造更为复杂，大大增强了对环境的适应能力。

蟹

甲壳纲

胸部与体节愈合，有坚硬的头胸甲，有触角 2 对，大多水生。如虾、蟹、潮虫等。

蜘蛛

蛛形纲

身体由头胸部和腹部组成，无触角，头胸部有附肢 6 对，第一对为螯肢，第二对为角须，后四对为步足，大多在陆地上生活。如蜘蛛、蝎、蜱、螨等。

鲎

肢口纲

身体由头胸部和腹部组成，头胸部长有头胸甲，腹部长有尾刺。体形大，有鳃，水生。如鲎。

蜈蚣

多足纲

身体分为头和躯干两部分，躯干较长，由多个体节组成。有触角 1 对，单眼数个。如马陆、蜈蚣等。

蜻蜓

昆虫纲

成虫分为头、胸、腹 3 个部分，有口器，触角 1 对，胸部有足 3 对，腹部无足。如蜻蜓、蝴蝶、甲虫、蚊、蝇等。

外骨骼与定期蜕皮

节肢动物的重要特征是体外覆盖着几丁质的外骨骼，又称表皮层或角质层。外骨骼分成不同的骨板，在相邻体节之间的关节膜上。外骨骼非常薄，易于弯折活动。节肢动物的外骨骼不能像脊椎动物的骨骼那样生长，所以它们在生长过程中要定期蜕皮。

蝉蜕皮。

蜘蛛蜕皮。

跳跃足

螳虫

步行足

螳螂

捕捉足

龙虱

划水足

节肢动物的附肢

节肢动物一般每个体节上都有着一对分节的附肢，又叫节肢。附肢有发达的肌肉，不但与身体相连处有关节，而且本身也分节，所以活动十分灵活。节肢动物的感觉、运动、捕食、咀嚼、呼吸、生殖等都会和附肢有关。为了生存的需要，节肢动物的附肢产生了各种变化，形成多种不同的形状，具有各种不同的功能。

虾和蟹

虾和蟹都属于甲壳类动物。它们的身体被一层带有关节的坚硬甲壳包裹着，用以保护自己，防止天敌的袭击。它们的头胸部都有 5 对足，其中 4 对用于爬行和游泳，1 对大的螯肢用来捕食和御敌。虾和蟹在生长过程中要经过数次蜕壳，蜕壳是它们长大的标志。

螯虾

在螯虾生长过程中，甲壳常阻碍螯虾内部器官的增长。因此每隔一段时间，螯虾就要换一个更大一些的外壳。这样就使得螯虾的生长速度极不规律，常常呈阶段式生长。蜕壳是螯虾整个生命过程中最危险的阶段，因为蜕去旧壳后，新壳开始是软的，缺乏防护能力。螯虾大量吞水，使自己的身体迅速扩大。过段时间，壳变硬了，螯虾就不再长了。蜕壳时螯虾不进食。螯虾胃口很好，在水里几乎没有它们不能吃的东西，从微生物、小鱼，到藻类、腐败物等，它们都来者不拒。

肢体的再生功能

螯虾蜕壳时，常常将某些肢体遗留在旧壳内，这对其他动物来说，可能会使其出现身体残缺，但螯虾和其同类却有肢体再生能力。这一功能也可以保护它们逃出"魔掌"。螯虾不能用掉尾随追击的天敌时，便采取主动遗弃躯体某一部分的办法，如遗弃一条腿，然后趁天敌饱餐之时，逃之夭夭，此后螯虾还可以再生出一条新腿。

螯虾开始蜕壳时，腹和头胸连接处的薄膜裂开，壳体背部形成裂缝。经过艰苦的努力，螯虾才能蜕去旧壳。

寄居蟹

　　大部分的寄居蟹生活在海中，但也有个别的如椰子蟹，生活在陆地上。寄居蟹最大的特点是寄居在完全符合自己身体大小的螺壳内，并且随着身体的长大不断更换螺壳。在它们寄居的壳体上，常常携带着海葵。作为回报，海葵则利用自己能释放出致痒致痛物质的触手，使一些天敌远离寄居蟹。

更换新装

　　蟹在生长过程中也要数次蜕壳。刚换上的新壳由于缺钙，并不坚硬，因此蟹在蜕壳之后，为迅速补充钙质，会把刚刚更换下的外壳全部吃掉。

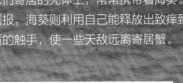

蟹有螯肢

　　蟹包括我们所说的螃蟹，螃蟹是甲壳类中进化程度最高的一种。它们的头部和胸部合成头胸部，整个躯体由背甲包住，腹部不发达，长有一对螯肢。在捕食或自卫时，螯肢是蟹不可缺少的武器。

知道多一点

螃蟹为什么横着走？

　　螃蟹横着走不是想横行霸道，而是生存的需要。每到繁殖期或生长期，螃蟹都会游到固定的地点繁殖或生活。螃蟹怎样辨别方向呢？原来，它们的内耳长有定向的小磁石，能敏锐觉察地球磁场南、北两极的微小变化，并以此来判断方向，确定位置。后来因为地球磁场发生了多次倒转，螃蟹定向的小磁石失去了原有的定向作用，它们没办法，只好以不变应万变：横着走。螃蟹横着走还有一个原因，就是多数螃蟹的胸部横向长纵向短，8只脚长在身体两侧，前脚关节向下弯，适合横着走。不过，有些螃蟹如长腕和尚蟹与蛙形蟹却向前走；有些螃蟹如蜘蛛蟹上下攀爬。

蜘蛛

　　蜘蛛属于节肢动物，在地球上分布很广。大多数蜘蛛都是食肉动物，它们大量捕食昆虫，而且只吃活着的昆虫。人们最熟悉的蜘蛛通过结网来捕食，但也有些蜘蛛不能结网。农田中常见的蜘蛛有数十种，它们是多种农作物害虫的天敌，我们应该好好地保护它们。

跳蛛

盗蛛

猎取食物的武器

蜘蛛的腹部有一个非常特殊的腺体，能分泌出一种特殊的液体。这种液体经蜘蛛的纺绩器吐出后，遇到空气便凝固成丝。蜘蛛丝非常细，直径一般只有约 0.003 毫米，粗的也只有约 0.015 毫米。蜘蛛丝虽然很细，强度却比同样粗细的钢丝大 3 倍以上。蜘蛛网上带有黏液，昆虫类的小动物一旦触网，无论怎样挣扎，也难逃厄运。蜘蛛用螯肢和触肢捉住猎物，然后把毒液注入猎物体内，待它安静下来后，再慢慢享用。有些蜘蛛用毒牙刺入猎物体内，让自己体内的消化酶流进去，待猎物身体组织液化后，再把产生的肉汁吸到胃里。蛛网像八卦阵，因此人们称赞蜘蛛："小小诸葛亮，独坐军中帐。摆下八卦阵，专捉飞来将。"

蜘蛛结网。

捕鸟蛛堪称蜘蛛中的"巨人"，能捕食小鸟。

蜘蛛的身体

蜘蛛的身体分头胸部和腹部，两部分由细长的腹柄相连。头前部长有 1 对螯肢，螯肢末端是有毒腺导管的毒牙。挨着螯肢的是 1 对触肢。在胸部两侧还有 4 对足，足尖处长有坚硬的爪。蜘蛛结网的器官叫纺绩器，长在蜘蛛的腹部边缘处。有的蜘蛛有 1 个纺绩器，有的蜘蛛有几个纺绩器。

蜘蛛的眼睛

与昆虫的复眼不同，蜘蛛的眼睛是单眼。大多数蜘蛛长着 8 只眼睛，也有的长着 6 只眼睛、4 只眼睛或 2 只眼睛，还有的蜘蛛是瞎子，什么也看不见。

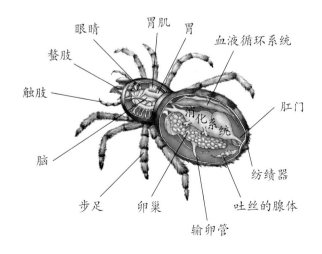

蜘蛛的生命历程

幼蛛在卵囊内发育成形，从卵囊内出来后，经历一次蜕皮成为若蛛。若蛛经历数次蜕皮后，性成熟成为成蛛。

蝎

蝎属于蛛形纲节肢动物，与蜘蛛是"亲戚"。蝎是肉食性动物，昼伏夜出。一旦遇到猎物，蝎会立即用脚须把猎物钳住，然后用尾刺刺进它的身体，将其毒死。

猎食方式

蝎是肉食性动物，以无脊椎动物如蜘蛛、蟋蟀、小蜈蚣、多种昆虫的幼虫和若虫为食。蝎取食时，用脚须将捕获物夹住，后腹部（蝎尾）举起，弯向身体前方，将毒针刺入猎物体内。毒腺外面的肌肉收缩，毒液就会从毒针的开孔流出。大多数蝎的毒素足以杀死昆虫，但对人无致命的危险，只会引起灼烧般的剧烈疼痛。蝎用螯肢把猎物慢慢撕开，先吸食捕获物的体液，再吐出消化液，将其组织于体外消化后再吸入。蝎进食的速度很慢。

蝎的后腹部窄长，可称尾，末端还有一袋状尾节，尾节末端为一弯钩状毒针。

"蝎毒不食子"

交配前，雌雄蝎脚须相钳，交"臂"跳舞，可以长达几个小时。但是雄蝎一完成受精，雌蝎就会咬死雄蝎，将它吃进肚里。不过，蝎对后代却倍加爱护。蝎是卵胚的，产下的幼蝎往往攀附在母蝎的背上，很是逍遥自在。母蝎背着孩子忙里忙外，极尽保护职责，直到幼蝎能独立谋生。

东亚钳蝎

世界上已知的蝎约有 600 种，分布在除南极、北极及其他寒带地区之外的所有地方。中国记载约有 15 种，其中包括最为常见的东亚钳蝎，多集中在东北、华北一带，长江以南地区则相对较少。

东亚钳蝎

帝王蝎

帝王蝎

帝王蝎是蝎中的"巨人"，不论以单只还是平均计算都是最大的蝎。非洲帝王蝎主要分布于非洲中部及南部，体长 20～30 厘米，最长可达 40 厘米，为世界上现存体形最大的蝎。而亚洲种的假帝王蝎也可以长至 20 厘米，它们性情凶悍而动作迅速。

"防盗卫士"

蝎是危险的动物，而有人则利用毒蝎来充当"防盗卫士"。英国有个珠宝商在一家旅馆陈列着一套价值 50 万英镑的钻石项链。为了防盗，他在展品的橱窗前放了 6 条从非洲进口的毒性剧烈的蝎，其毒钩足以夺人性命。

马陆、蜈蚣和蚰蜒

马陆、蜈蚣和蚰蜒都属于多足纲节肢动物。这一类动物的共同特点是身体扁平或呈圆筒形，分为头部和躯干部两部分；头上都长有 1 对触角，躯干部由许多体节组成，多的可达几百节，每节都长有 1 ～ 2 对足。

马陆

马陆除去第一节无足和第二至四节是每节 1 对足外，其余每节有 2 对足，所以足很多，号称"千足虫"。其实马陆的足最多也不超过200 对，不过这已经是一个可观的数目了。

土壤动物

马陆足虽很多，行动却很迟缓。它们平时喜欢成群出动，一般居住在阴暗潮湿的地方，是土壤动物中的常见类群，主要以凋落物、朽木等植物残体为食，也有少数种类吃植物的幼芽嫩根，是农业害虫。

装死与异味

马陆也有防御的武器和本领。它们一受触动就会立即蜷缩成一团，静止不动装死，或顺势滚到别处，等危险过了才慢慢伸展开来爬走。马陆体节上的侧腺能分泌一种刺激性的毒液，气味难闻，从而使家禽和鸟类都不敢啄它们。马陆每年繁殖一次，寿命可达 1 年以上。

蚰蜒

蚰蜒属于多足纲节肢动物，俗称"钱串子"，有的地方称"香油虫"或"草鞋底"。蚰蜒呈灰白色或棕黄色，体长约 25 毫米，全身分 15 节，每节有 1 对足，最后 1 对足特别长。爬行时每对足很协调，行动敏捷。蚰蜒的第 1 对步足可变成钩状颚足，颚足末端成爪状，爪的顶端有毒腺开口，能分泌毒液，触及人体皮肤后会导致局部疱疹，令人刺痛难忍。蚰蜒多生活在室内外的阴暗潮湿处，捕食蚊、蛾等小动物，为益虫，属于代谢较低、生长缓慢、繁殖能力差而寿命很长的物种。

蜈蚣

蜈蚣属于多足纲节肢动物，身体扁平。大多数蜈蚣为夜行性生物，白天隐藏在阴暗处，晚上外出活动。它们行动迅速，有攻击性，是典型的肉食性动物，食物范围广泛，尤其喜欢捕食昆虫，如蟋蟀、蝗虫、蝉、蚱蜢等。蜈蚣的颚足能射出毒液，甚至可以杀死比自己大的动物，比如小型鼠类、蜥蜴以及蛇类等，也有同种互相残杀中毒而致死的现象。在猎物缺乏时，它们也可吃少量青草及苔藓的嫩芽。蜈蚣的钻缝能力很强，它们往往以灵敏的触角和扁平的头板对缝穴进行试探，大多能钻过岩石和土地的缝隙。

昆虫

昆虫是地球上数量最多的动物群体，种类繁多，约占动物总种数的80%。目前人类已知的有100万～200万种，每年还陆续发现0.5万～1万种，但仍有许多种类尚待发现。中国有12万～15万种。

身体构造

昆虫身体分头、胸、腹3个部分。头部有触角1对（极少数无触角）；胸部3节，每节有足1对；有的中胸和后胸节有翅各1对。腹部除末端数节外，附肢多退化或丧失。昆虫重要的器官，如管状的心脏、梯形神经系统、胃肠系统和生殖器官等一般都位于腹部。

触角（一对）

头

胸

足（三对）

腹

蚂蚁的身体构造

螳螂的咀嚼式口器可以咬碎食物。

叩头虫的触角是锯齿状的，鞭节的各亚节都向一边突出。

眼睛

昆虫的眼睛包括单眼和复眼，复眼由许多六角形的小眼组成，单眼有背单眼和侧单眼之分。除一些穴居性昆虫外，一般昆虫都有1对复眼，头顶上还有1～3个背单眼。

苍蝇的眼睛

触角

多数昆虫在两只复眼的中上方都有1对触角。触角是昆虫的主要感觉器官，能帮助昆虫探明前方是否有障碍物，寻找食物和配偶。有些昆虫也经常用触角与同伴交流信息。

"耳朵"

有些昆虫的"耳朵"长得很奇怪，例如蟋蟀的"耳朵"就是它们每条前足胫节上一块呈鼓膜状的隆起，能感觉到其他蟋蟀求偶的声音；飞蛾的"耳朵"长在腹部，可以感受到蝙蝠靠近的声音。

线状触角也叫丝状触角，是昆虫触角中最常见的类型。蟋蟀就长着标准的线状触角。

蟋蟀的"耳朵"

大多数雄蛾触角的各节上有细枝状突起，枝上可能还有细毛，整个触角像鸟类的羽毛一样。

口器

口器是昆虫的嘴，担负着取食的重任。因为食物不同，不同的昆虫也就具有不同类型的口器，如蝗虫是咀嚼式口器，苍蝇是舐吸式口器，蚊、蝉是刺吸式口器。

蝴蝶的虹吸式口器在取食时可以像吸管一样伸长，不用时再卷起来。

虎甲的咀嚼式口器上长着发达而坚硬的上颚，可以嚼碎固体食物。

苍蝇的舐吸式口器能像吸尘器一样吸食液体食物。

蚊子是刺吸式口器，既能刺入寄主体内，又能吸食寄主体液。

昆虫的繁殖

　　昆虫具有惊人的繁殖能力，是任何其他动物无法相比的。一般昆虫一生产卵量在数百粒范围内，例如夜蛾平均一生产卵 800 多粒，而白蚁的蚁后一生可产几百万粒卵，平均每分钟约产 60 粒。强大的生殖潜能是昆虫种群繁盛的基础。昆虫的繁殖方式也多种多样，有两性生殖、卵胎生、孤雌生殖、幼体生殖、多胚生殖等。

蝴蝶正在交配。

两性生殖

　　绝大多数种类的昆虫都是两性生殖。两性生殖是指雌雄两性交配后，精子与卵子结合，由雌虫把受精卵产出体外，每粒卵发育成一个子代个体的繁殖方式，又称两性卵生，如蝗虫、蝴蝶。

交配的蝗虫

卵胎生

　　有些昆虫的胚胎发育是在母体内完成的，即卵在母体内已孵化，所产下的新个体已经是幼虫，这叫卵胎生，如蚜虫。

蚜虫

昆虫的发育

昆虫在从卵到成虫的个体发育过程中，不仅随着虫体的长大而不断发生量的变化，在外部形态、内部器官和生活习性等方面也周期性地发生着质的变化，这种现象称为变态。常见的变态类型有两种：不完全变态和完全变态。

| 卵 | 幼虫 | 蛹 | 成虫 |

金凤蝶的完全变态发育过程

完全变态

一些昆虫要经过受精卵、幼虫、蛹、成虫 4 个形态完全不同的发育阶段，这种过程叫作"完全变态"。蚊、蝇、蝶、蛾、蜂、甲虫等都属于完全变态昆虫。完全变态昆虫的幼虫、蛹、成虫 3 个阶段，不但形态上没有任何相似之处，甚至生活方式和生活场所也完全不同。例如苍蝇，蛹是不吃不动的，幼虫只能在地表蠕动，成虫则在空中飞舞。蚊子的幼虫生活在水里，吞食水中的小浮游生物或细菌，成虫则飞到空中，靠吸食高等动物的血液为生。

不完全变态

一些昆虫从卵中孵化出来，在幼虫时期的形态就与母体类似，只是某些器官还没有发育，体形还小，这时被称为"若虫"。若虫在发育过程中要经过几次蜕皮，体形完全长大，器官发育完善了，便成为成虫。这种只经过卵、若虫和成虫 3 个阶段的发育过程叫作"不完全变态"。不完全变态又包括渐变态和半变态。渐变态的若虫与成虫的形态和生活方式相似，明显区别是成虫有翅和外生殖器，如蝗虫；半变态的若虫和成虫的形态与生活习性不同，幼体水生，成虫陆生，如蜻蜓。

蜻蜓幼虫　　　　蜻蜓成虫

蚜虫　　　　　　　　摇蚊　　　　　　　　茧蜂

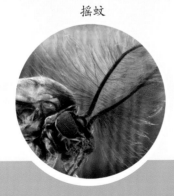

孤雌生殖

孤雌生殖是指单卵不经过受精就能发育成新个体的现象，如蚜虫。

幼体生殖

幼体生殖是少数昆虫母体尚未达到成虫阶段，还处于幼虫时期，卵巢就已成熟，并能进行生殖的生殖方式。凡进行幼体生殖的，产下的不是卵，而是幼虫，如捻翅目昆虫，一些摇蚊和瘿蚊等。

多胚生殖

多胚生殖是由一个卵发育成两个或更多个胚胎，最后每个胚胎都发育成一个新个体的现象。这种生殖方式多见于膜翅目中的寄生类，如赤眼蜂、茧蜂。

昆虫的自卫与御敌

昆虫是动物界的"小不点儿"，在长期的生存竞争中，它们各显神通，进化出了各种各样的"绝活儿"来进行自卫，抵御强大的敌人。

五花八门的逃避手段：我的妙招一个字——躲！

金龟子

金龟子遇到危险，会突然跌落到地上，仰面装死。

龟甲虫

龟甲虫跗节处长有黏性极强的肉垫，遇到危险时能将身体紧紧地贴附在树叶或树枝上。

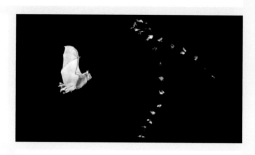

夜蛾

夜蛾能觉察到天敌蝙蝠发出的超声波。如果蝙蝠发出的超声波强度不高，夜蛾就掉头飞逃；如果超声波强度增大到某个极限值，夜蛾就快速地从空中盘旋跌落。

暗藏杀机的化学武器：当心，我有暗器！

凤蝶幼虫

凤蝶幼虫在头胸部长有叫作Y状腺的可伸出腺体，当受到惊扰时，它们会将Y状腺伸出，释放出具有强烈挥发性的液体，同时来回移动身体，以吓退来犯之敌。

刺蛾幼虫

刺蛾幼虫生有中空体毛，里面含有能引起疼痛感的刺激性物质，只要将这些螫毛在攻击者身上擦一下，就会导致螫毛断裂，里面的物质就会跑到攻击者的皮肤上，使其产生强烈的灼烧感，这种感觉可能会持续数小时。

白蚁的一种兵蚁

白蚁中有一种兵蚁头部长得像个喷嘴，生有防卫腺体，可以向来犯者射出黏性化学液体。这些化学物质具有极强的黏性和刺激作用，能有效地阻止蜘蛛、蜈蚣等食肉类节肢动物的攻击。

叩甲装死

食毒防身的帝王蝶

黑脉金斑蝶俗称为帝王蝶，是地球上唯一的迁徙性蝴蝶。在北美洲，黑脉金斑蝶会于 8 月至初霜时节向南迁徙，并于春天向北回归。它们在漫长的迁徙途中很少遭到鸟类的攻击，鸟儿之所以不愿意吃这种昆虫，是因为它们体内充满了毒素。黑脉金斑蝶将卵产在一种含有毒素的植物——马利筋上，幼虫孵化后，以马利筋为食，毒素会从叶子上转移到身体里，如果鸟儿不慎吃了它们，就会产生剧烈呕吐的症状。

帝王蝶

以假乱真的保护色：
我就在这里，但你看得见吗？

螽斯

螽斯有着天生的保护色，能够巧妙地与周围的环境融为一体，不被敌人发现。

蝉类

蝉类，俗名"知了"。每到夏天，我们都能听到它们的叫声。天越热，它们叫得就越欢。蝉属渐变态，经卵、幼虫（若虫）直接变为成虫，没有蛹期。蝉类是昆虫界的"歌唱家"。不过，只有雄蝉才有高度发达的发声器。雌蝉不能发声，但其腹部有听觉器官。雄蝉高歌一曲，是为了招引远处的雌蝉前来交配，繁衍后代。

地下生活

蝉的幼虫一直过着暗无天日的地下生活。它们为什么要这样呢？原来，蝉的幼虫在地下成长，同样能得到水分和树汁，还可以度过几度寒暑。更重要的是，这种繁殖方法能使它们避开鸟类等捕食动物的攻击，安全存活下来。

蝉其实是"鼓手"

蝉的腹部两侧各有 1 片弹性较强的薄膜，叫作声鼓。声鼓外面覆着 1 块盖片，里面有鼓膜和完美的扩音系统，由 2 片褶膜、1 个音响板和 1 个通风管组成。蝉在高歌时，不是用锤敲鼓，而是用肌肉徐徐颤动，扯动鼓膜，振动空气，发出的颤音在褶膜里扩大，然后从音响板上反弹回来，音量变得更大。接着，张开穴上的盖片，鼓声就传扬开来了。中、小型雄蝉的呼叫声一般可达 80 ～ 90 分贝，大型雄蝉的呼叫声可高达 100 ～ 130 分贝。

"金蝉"是这样"脱壳"的。

昆虫界的大寿星——十七年蝉

蝉是世界上寿命最长的一种昆虫，它们一生大多在地下度过。幼虫在地下生活，一般要 2 ～ 3 年，长的要 5 ～ 6 年。现在，已知寿命最长的是美洲的十七年蝉，也就是说它们每 17 年才孵化一次。它们爬上树枝蜕皮，然后交配。雄蝉交配后即死去，雌蝉也在产卵后丧生。十七年蝉采用这种奇特的生活方式，为的是避免天敌的侵害并安全地传宗接代，因而演化出一个漫长而隐秘的生命周期，科学家称之为周期蝉。

蜡蝉

蜡蝉是蝉的一类。蜡蝉的虫体额部延长，身体发亮，容易辨认。有些种类体表覆有白色的蜡粉或蜡质丝状物。若虫腹末有成束粗长的蜡丝。

草蝉

草蝉常栖身于草丛，体长 13 ～ 15 毫米，头部前缘略呈三角形，体色多变，有绿色、黑色、黄褐色、绿褐色等，其中以绿色最常见。草蝉个体差异很大。

长鼻蜡蝉

长鼻蜡蝉又叫象鼻蜡蝉，头部突出呈红褐色，且有向前上方弯曲的长长的圆锥形突角，上面散布有不规则的白色斑点，长达 15 ～ 18 毫米，而其身体从复眼到腹部末端长度只有 20 ～ 30 毫米。因为经常吸食龙眼树的汁液，人们又叫它们龙眼鸡。

角蝉

昆虫大家族里有许多头上长着怪角的成员，角蝉就是其中之一。角蝉的角长得十分奇特，不像兽类那样从头骨上长出来，而是由胸部的前胸背板形成的。不同种类的角蝉，角的式样也不同。中华高冠角蝉的角高高地向后上方伸出，就像戴了顶高冠帽；三刺角蝉的角贴着腹背向后伸出，像是一根尖刺。角蝉身上这些奇形怪状的角，可模拟树上的刺，是防身的伪装。

角蝉

沫蝉若虫

假如你在树杈上看到团状的泡沫，扒开它，就会发现里面藏着一只或几只小虫，这就是沫蝉若虫。它们的腹部能分泌胶液，形成泡沫盖住身体，保护自己，因此得名沫蝉，又被称为吹沫虫或吹泡虫。

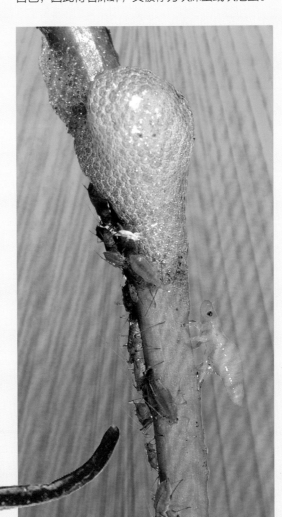

蚂蚁

蚂蚁是我们常见的一种昆虫，一般体形较小，身长只有 0.5～3 毫米，属于完全变态型发育的昆虫，经过卵、幼虫、蛹 3 个阶段，最后发展到成虫。蚂蚁虽小，但种类繁多。目前全世界约有 1.17 万种蚂蚁已经被记录在案，但这仅是这个大家族的半数成员。中国已确认的蚂蚁有 600 多种。

蚂蚁的社会分工

蚂蚁是典型的社会性群体，同种个体间能相互合作照顾幼体，有明确的劳动分工，在蚁群内至少两个世代重叠，而且子代能在一段时间内照顾上一代。蚂蚁的幼虫没有任何能力，它们也不需要觅食，完全由工蚁喂养。蚂蚁的寿命很长，工蚁可生存几个星期或者 3～7 年，蚁后则可存活十几年或几十年。一个蚁巢在一个地方可存在 1～10 年。一般在一个群体里有以下 4 种不同的蚁型，分别有各自的职责和功能。

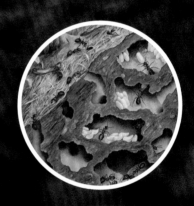

蚁后	有生殖能力的雌性，或称母蚁，又称蚁王，在群体中体形最大，特别是腹部大，生殖器官发达，触角短，胸足小，有翅、脱翅或无翅。	产卵、繁殖后代和统管这个群体大家庭。
雌蚁	有生殖能力的雌性。	与雄蚁交尾后，脱翅成为新的蚁后。
雄蚁	或称父蚁。头圆小，上颚不发达，触角细长，有发达的生殖器官和外生殖器。	与蚁后交配，俗称"王子"。
工蚁	无翅，是生殖腺未发育的雌性，一般为群体中最小的个体，但数量最多；复眼小，单眼极微小或没有单眼；上颚、触角和三对足都很发达，善于步行奔走；没有生殖能力。	建造和扩大巢穴、采集食物、喂养幼虫及蚁后等。有些用头和牙作战斗武器，负责保卫蚁巢，俗称"兵蚁"。

大头蚁是蚂蚁中的好战分子，分为兵蚁和工蚁两种类型。兵蚁拥有强悍的大颚，可以一口就把小蚂蚁的腹部咬下来。

切叶蚁

切叶蚁是亚马孙热带丛林中的一种"怪蚂蚁"。它们不直接吃树叶，而是将树上的叶子切成小片儿带到蚁穴里发酵，然后取食上面长出的真菌。

蜜壶蚁能把自己的身体作为储蜜罐，直到腹部膨胀得大大的，呈半透明状。它们挂在蚁巢的顶壁上，肚子里装满蜜汁，在缺粮时可以坚持6个月左右不饿死。

蚂蚁识途

蚂蚁体内有一种气味独特的分泌物——示踪激素，也称信息素，由肛门排出。外出觅食的蚂蚁发现目标后，在回来的路上撒下这些信息素，其他蚂蚁嗅到气味就会前来将食物搬回窝巢。信息素是蚂蚁的交流工具，是多种信息的集合体，既可以指路，也可以传递危险信号等。如果我们用手划过蚂蚁的行进队伍，干扰了信息素，它们就会失去方向感，到处乱爬。

蚜虫吸食植物汁液，同时分泌出一种含有糖分的汁液蜜露。蚂蚁喜欢取食蜜露，所以常常保护蚜虫免受气候和天敌（如瓢虫）的危害，把蚜虫养在健康的植物上，就像人类放牧牛羊一样。

蚂蚁吸食蚜虫的蜜露。

小个子，大力士

据力学家测定，一只蚂蚁能够举起重量超过自身体重约400倍的东西，还能够拖运超过自身体重约1700倍的物体。

白蚁

白蚁不是蚂蚁。白蚁除了与蚂蚁一样具有社会生活习性外，在生理结构上和蚂蚁有很大的差别。白蚁属于较低级的半变态昆虫，蚂蚁则属于较高级的全变态昆虫。

食木者

白蚁由于喜欢以木材为食，所以被人们认为是害虫。但白蚁同样是地球景观的改造者：它们把倒下的树木进行纤维分解，清除了大量的地表废物。正是因为有了白蚁，热带森林才得以健康发展。

白蚁与蚂蚁的区别

白蚁主要吃木材和含纤维素的物质，一般没有储存食物的习惯。	蚂蚁食性很广，有储存食物的习惯。
白蚁的兵蚁和工蚁眼睛退化，绝大多数种类怕光。在活动和取食的时候需要构筑蚁路、蚁道或泥被、泥线作为遮光掩护物。	蚂蚁不畏光，一般都不修筑蚁道。
白蚁是蜚蠊目昆虫，有翅成虫的前后翅几乎等长，翅长远远超过身体。	蚂蚁是膜翅目昆虫，有翅成虫的 2 对前翅大于 2 对后翅。
白蚁的兵蚁和工蚁多为淡白色，有翅成虫多为褐色或黑褐色，腰为桶状。	蚂蚁多为棕色、褐色和黑色，腰为哑铃形。

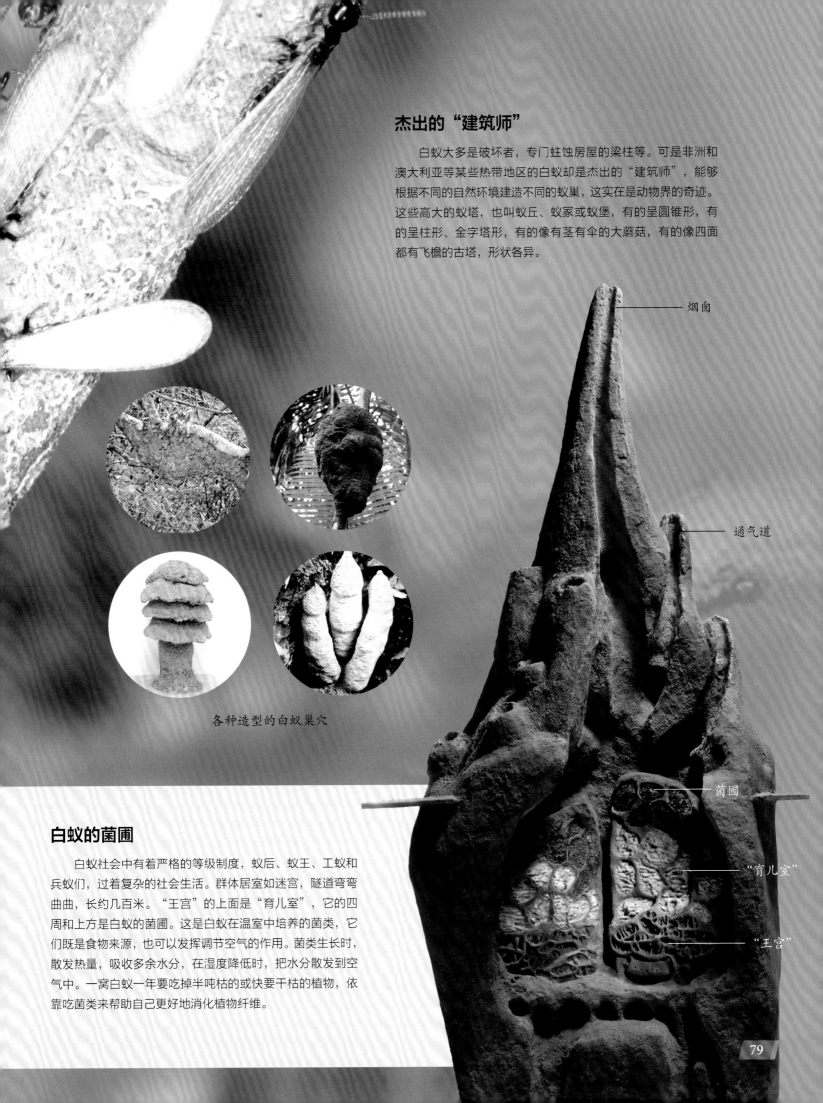

杰出的"建筑师"

白蚁大多是破坏者，专门蛀蚀房屋的梁柱等。可是非洲和澳大利亚等某些热带地区的白蚁却是杰出的"建筑师"，能够根据不同的自然环境建造不同的蚁巢，这实在是动物界的奇迹。这些高大的蚁塔，也叫蚁丘、蚁冢或蚁堡，有的呈圆锥形，有的呈柱形、金字塔形，有的像有茎有伞的大蘑菇，有的像四面都有飞檐的古塔，形状各异。

各种造型的白蚁巢穴

烟囱

通气道

菌圃

"育儿室"

"王宫"

白蚁的菌圃

白蚁社会中有着严格的等级制度，蚁后、蚁王、工蚁和兵蚁们，过着复杂的社会生活。群体居室如迷宫，隧道弯弯曲曲，长约几百米。"王宫"的上面是"育儿室"，它的四周和上方是白蚁的菌圃。这是白蚁在温室中培养的菌类，它们既是食物来源，也可以发挥调节空气的作用。菌类生长时，散发热量，吸收多余水分，在湿度降低时，把水分散发到空气中。一窝白蚁一年要吃掉半吨枯的或快要干枯的植物，依靠吃菌类来帮助自己更好地消化植物纤维。

蜜蜂

　　蜜蜂属膜翅目昆虫，它们喜欢过群居生活，是昆虫中进化程度最高的类群。蜜蜂在花丛中飞来飞去，不停地采集花粉、花蜜，同时生产出大量的蜂蜜和蜂蜡，为自己的王国尽职尽责地工作。蜜蜂在自然界还是果树、花木的重要传粉者。

蜂巢

　　夏天，一个富丽堂皇的蜂巢经过群蜂的努力，很快便被建造起来。蜜蜂的蜂巢建造得极为科学和巧妙，每个巢室均为正六边形，力学结构合理，又充分利用了空间，特别适于蜜蜂的群居生活。一个标准的蜂巢可供约 5 万只蜜蜂生活居住。

工蜂

分工严密的蜜蜂王国

　　蜜蜂过着群体的社会生活，整群蜜蜂组成一个完整的王国。在这个王国中，以蜂王为中心，分工严密，各司其职。蜂王产卵时，工蜂负责伺候。雄蜂在春天出现，与蜂王交配，进入夏天完成使命后被工蜂驱逐出蜂巢而死去。工蜂则要忙碌整个夏天，做巢、采花粉、保护蜂王产卵等。众工蜂把采回来的花蜜和花粉收集起来，妥善贮存，以备在冬季里食用。

雄蜂

蜂王

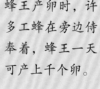

蜂王产卵时，许多工蜂在旁边侍奉着，蜂王一天可产上千个卵。

享受特权的蜂王

　　在一个蜜蜂王国中，只有一个蜂王。蜂王住在蜂巢的特别居室里，担负着繁殖后代的任务，因此受到蜜蜂们特别的侍奉和保护。蜂王的食品不是花蜜，而是皇浆，也叫蜂王乳。皇浆有极为丰富的营养，能保证蜂王顺利产出卵来。第二年春天，如果巢内同时产生两只羽化的雌蜂，它们就要进行一场决斗，谁刺死对手，谁就荣升为蜂王。新的蜂王确定之后，要飞到空中，做结婚飞行，并与雄蜂交配，产卵繁殖后代。新的蜂王则和许多工蜂一起离开，去建立另外的王国。

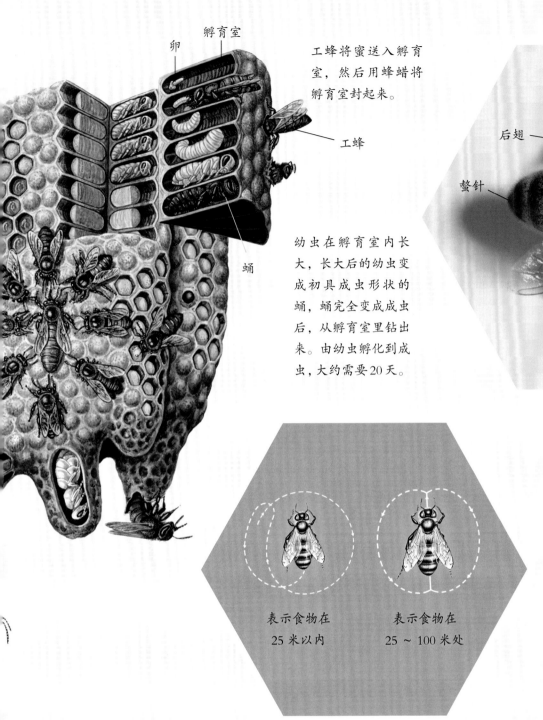

卵

孵育室

工蜂将蜜送入孵育室，然后用蜂蜡将孵育室封起来。

工蜂

蛹

幼虫在孵育室内长大，长大后的幼虫变成初具成虫形状的蛹，蛹完全变成成虫后，从孵育室里钻出来。由幼虫孵化到成虫，大约需要20天。

后翅

前翅

螫针

复眼

触角

储藏花粉用的花粉篮

表示食物在
25米以内

表示食物在
25～100米处

用舞蹈传递信息

蜜蜂之间有自己特有的传递信息的方式。它们扇动翅膀，以不同的舞姿来表达信息。用画圆圈的方式向前飞行，是告诉同伴，有蜜的花丛就在附近25米以内；用翅膀或腹部的振动动作，以8字形路线飞行，是通知同伴们，有蜜的花丛在较远的地方，沿着哪个方向飞能够到达。

蜜蜂的天敌——胡蜂

胡蜂是蜜蜂的天敌。它们自己并不采蜜，而是袭击其他的蜂巢以获取食物，比如杀掉蜂巢里的蜜蜂，抢来幼虫做成肉团，喂养自己的幼蜂。胡蜂是有毒蜂种，如果被它们的螫针刺到，即使是人，也可能有死亡的危险。但胡蜂也捕捉许多农业害虫，对农业生产有益。胡蜂的巢筑在树上或泥土中，为圆形构造，远看像一个个圆形的吊灯。胡蜂的巢很结实，是用咬碎的树皮与唾液的混合物筑成的。

胡蜂的巢

蝴蝶

蝴蝶是一类很特别的昆虫，有近2万种。它们大多数在白天活动，成虫取食花蜜。蝴蝶身体细瘦，翅宽大，上面有细薄的鳞片，翅面颜色通常绚丽多彩。蝴蝶停歇时两翅竖立于背上或不停地扇动。前后翅一般没有特殊的连接构造，飞行时后翅前缘基部扩大的部分（称翅抱）直接贴在前翅下，以保持前后翅动作的一致。

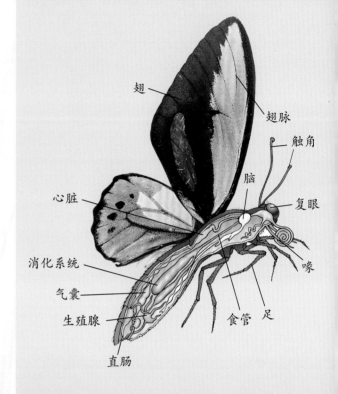

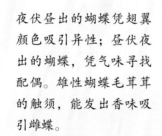

夜伏昼出的蝴蝶凭翅翼颜色吸引异性；昼伏夜出的蝴蝶，凭气味寻找配偶。雄性蝴蝶毛茸茸的触须，能发出香味吸引雌蝶。

完全变态昆虫

蝴蝶像鸟和爬行动物一样，都是卵生的。所不同的是，蝴蝶属于完全变态的昆虫。在蝴蝶的整个生命周期中，最长的一个阶段发生在冬季。在这一阶段，它有可能是卵、毛虫、蛹，甚至是成虫。

毛虫一般要蜕4次或5次皮，然后进入蛹期。蛹与外界接触的通道是气孔。在蛹变为成虫之前，其外形已具备了成虫的特征，出现了两翼、触角，以及生长在腹部的器官等。

蝴 蝶 的 生 命 历 程

产卵

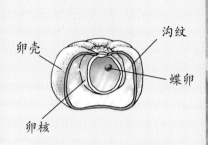

卵壳　　沟纹

蝶卵

卵核

蝴蝶的一生所经历的变化，是从蝴蝶产下的卵开始的。蝴蝶一次产卵多的约有 4000 个，少的只有百余个。

幼虫钻出卵壳

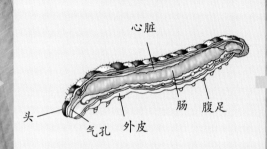

心脏

头

气孔　外皮　肠　腹足

卵经过一段时间变成幼虫，即毛虫。毛虫与其他昆虫一样，无法在自己的保护层内成长，因此要蜕掉身上的皮，再长出新皮。

进入蛹期

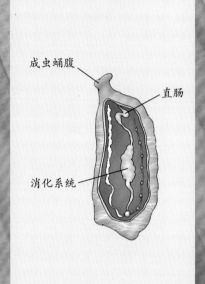

成虫蛹腹

直肠

消化系统

当成虫从蛹中爬出来时，蝴蝶便诞生了。

薄翅闪蝶

金绿鸟翼凤蝶

尖翅蓝闪蝶

蝴蝶的分布

除了南北极、炎热的沙漠和常年积雪的地域，在世界各地的森林、草原、灌木丛、沼泽地和干旱地区，都可以找到蝴蝶的身影。美洲的蝴蝶像鸟儿一样，能在冬天迁徙到气候温暖的地方。帝王蝶从北美洲北部飞向墨西哥，行程可达 3000 千米左右。每种蝴蝶都要适应气候、植物、食物等生活环境，才能生长繁衍。

红带袖蝶

孔雀蛱蝶

翠叶红颈凤蝶

光明女神蝶

帝王蝶

黄粉蝶

蓝斑绡眼蝶

紫玫瑰凤蝶

大蓝闪蝶

红涡蛱蝶

枯叶蛱蝶

阿奇闪蝶

蛾

蛾与蝴蝶都属于鳞翅目的昆虫。鳞翅指的是昆虫的翅膀上覆盖着鳞片或毛。整个鳞翅目是昆虫纲的第二大目，世界已记载的有 15 万种左右，其中蝶类约有 2 万种，其余全是蛾类。蛾类属于完全变态昆虫，多为植食性。它们有单眼，腹部宽阔，常夜间飞行，静止时四翅通常平放于背上。幼虫体表一般有毛。

白杨鹰蛾

白杨鹰蛾的翅膀呈灰色的不规则状，便于隐藏在枯叶和枯树枝中。一旦受到威胁，它们会露出翅膀下鲜艳的橙红色，趁敌人发呆时立刻飞走。

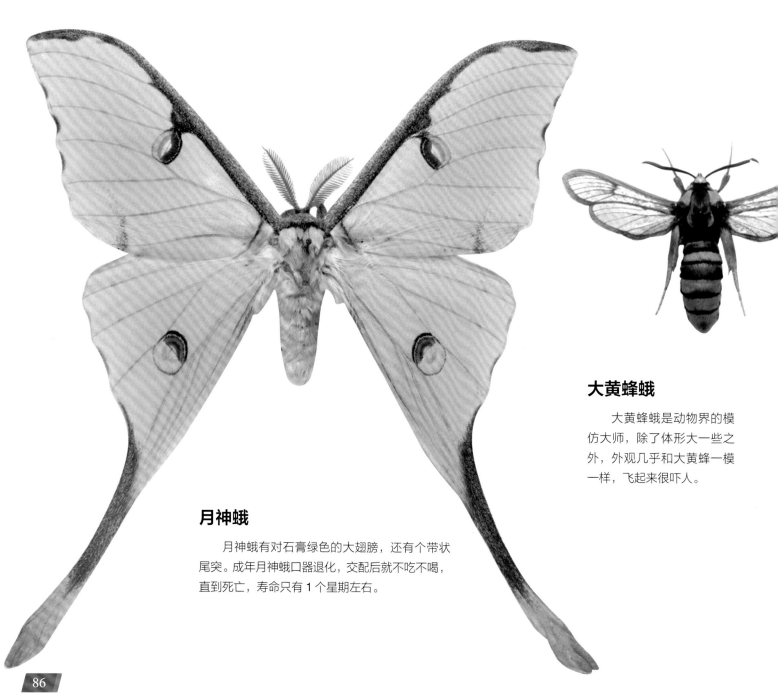

大黄蜂蛾

大黄蜂蛾是动物界的模仿大师，除了体形大一些之外，外观几乎和大黄蜂一模一样，飞起来很吓人。

月神蛾

月神蛾有对石膏绿色的大翅膀，还有个带状尾突。成年月神蛾口器退化，交配后就不吃不喝，直到死亡，寿命只有 1 个星期左右。

白女巫蛾

白女巫蛾是翼展最宽的蛾类，翼展宽度可达30.5厘米，飞行时会被误认为蝙蝠。

蝶类和蛾类的区别

蛾类

- 蛾类的触角末端一般没有膨大部分，多为丝状、羽状；蝶类的触角则比较细长，呈棒状，末端膨大。
- 蛾类休息时将翅平贴在身体两侧，蝶类则多将翅竖在体背。
- 大多数蛾类是夜行性的，蝶类大多是昼行性的。
- 蛾类的体躯多粗壮，翅多数较狭窄；蝶类体纤细，翅较宽大。
- 蛾类的颜色较暗淡，而蝶类的颜色较鲜艳。
- 蛾类在化蛹前通常需要吐丝结茧，蝶类从不织茧。

蝶类

希神蛾

希神蛾是最会骗人的蛾类。在受到惊吓时它们会张开翅膀，露出两只"大眼睛"把对方吓跑。

蜂鸟天蛾

蜂鸟天蛾乍看上去酷似蜂鸟，习性也与蜂鸟相同：在花丛中徘徊，然后用长长的口器吸食花蜜，同时发出嗡嗡声。

蝗虫和蟋蟀

蝗虫俗称"蚂蚱"，具有咀嚼式口器，为杂食性昆虫。全世界有超过 1.2 万种蝗虫，分布在热带、温带的草地和沙漠地区。中国有 700 多种。

蝗虫逃生

蝗虫有很多逃生的本领：把体色变得与周围的土壤、草地一个颜色；遇到天敌时即跳跃撤离；用光鲜的翅膀划出一道光，用来迷惑天敌。蝗虫的后腿也叫跳跃足，一下能跳很远，迅速逃生。

蝗虫从出生到成熟，体态不断变化。

一般要经过5次蜕皮，幼虫才能变为成虫。

为了适应环境，蝗虫体色有时为绿色，有时变成褐色。

危害农牧业

蝗虫有 1 对呈短鞭状的触角，口大，上颚发达，专吃庄稼和牧草，与人类和牲畜抢食，是对农牧业有害的昆虫。

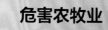

孤独的"男歌手"

在所有昆虫"歌手"中，雄蟋蟀的声音既清脆，又长久，有一种反复的颤音，时时在人们的耳边回荡。雄蟋蟀的声音是靠两翅摩擦而产生的。雄蟋蟀举起两翅时，能同身躯保持 45 度角，甚至 60 度角，还能够任意调整角度。因此，它们能发出好几种频率的音调来，而每种音调又各有一个基音和几个泛音，声音就变得更清脆婉转了。

蟋蟀在中国北方俗称"蛐蛐儿"。全世界约有 2500 种，中国约有 150 种。

好斗的蟋蟀

蟋蟀好斗，这同其生活习性有关。雄蟋蟀长时期地栖居在地穴中或石缝里，性格孤僻，独善其身，除了在交配期间跟雌虫同居，大部分时间和同类老死不相往来。因而两只雄蟋蟀一旦相遇，就会斗起来。中国自古就有斗蟋蟀的游戏，所用的就是斗蟋。

竹节虫和尺蛾

拟态，就是一种生物模拟另一种生物或模拟环境中的其他物体，从而躲避危险、获得益处的现象。昆虫界卧虎藏龙，竹节虫和尺蛾都是拟态高手。

竹节虫

竹节虫是现生昆虫中身体最长的种类，一般体长 10～30 毫米，最长可达 330 毫米左右。全世界有 2200 余种竹节虫，主要分布在热带和亚热带地区，中国有 20 多种。竹节虫多数身体细长，擅长模拟植物枝条，形似竹枝；少数种类身体宽扁，呈绿色，模拟植物叶片。有的种类长着翅膀，能飞行；有的种类翅膀退化或无翅。竹节虫伪装得十分巧妙，看上去非常像小树枝，所以一般不会被敌人发现。它们还有一项绝技：一旦受到侵犯，会突然飞起来，用瞬间闪动的彩光迷惑敌人。竹节虫行动迟缓，白天静伏在树枝上，晚上出来活动，取叶充饥。它们的生殖方式也很特别，一般交配后将卵单粒产在树枝上，要经过一两年，若虫才能孵化。有些竹节虫属于孤雌生殖，不经交配也能产卵，生下没有父亲的后代。竹节虫是不完全变态的昆虫，刚孵出的若虫和成虫很相似。

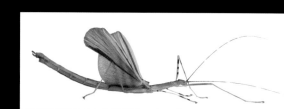

马来西亚环纹死灵竹节虫

树叶虫，竹节虫的一种

沙枣尺蠖又名春尺蠖、杨尺蠖、榆尺蠖。主要为害杨树、柳树、榆树、桑树、沙枣及多种果树。幼虫静止时仅以腹足抓住树枝，全身挺直，状如小树枝，受惊时吐丝下垂，俗称"吊死鬼儿"。

尺蛾翅大，体细长有短毛，触角呈丝状或羽状。

尺蛾

尺蛾属于完全变态昆虫。其幼虫称为尺蠖，身体细长，行为很有特色，行动时一屈一伸像个拱桥，休息时身体能斜向伸直如枝状，形似小枝或叶柄。这是一种巧妙的拟态方式，用以逃避敌人的袭击。尺蛾以叶为食，常严重伤害或损毁树木。其幼虫为害果树、茶树、桑树、棉花和林木等。如茶尺蠖吞食叶片，严重时致使树木光秃。

甲虫

甲虫是昆虫中的"大家族"，约有 30 万种。它们分布很广，除了海洋和极地以外，世界各地的各种生活环境都有它们的踪迹。甲虫和其他昆虫一样，身体分头、胸、腹 3 个部分，有 6 只脚，其最大的特征是前翅变成坚硬的翅鞘，已经没有飞行的功能，只是保护后翅和身体。它们总是先举起翅鞘，然后张开薄薄的后翅，飞到空中。有些甲虫的翅鞘连在一起，后翅退化，不能飞行，如一些种类的步行虫。

独角仙

独角仙的中文名字叫作双叉犀金龟，体大而威武，身长可达 6 厘米左右，在全世界约有 1400 种。只有雄性头部才长着大犄角，犄角顶端向外弯曲，或者分出一些叉。它们喜欢飞到树的伤痕处吸食树汁，如果其他昆虫趴在那里，它们就会径直冲撞过去，用犄角把它们推开。

吉丁甲

全世界共有 1.3 万多种吉丁甲。它们有大有小，大的身长超过 8 厘米，小的还不到 1 厘米。大多数吉丁甲喜欢吃花蜜和树叶，经常把叶片的边缘咬得像锯齿一样。

叩头虫

叩头虫一旦被人捉住，就会在人的手上不停地叩头，所以有了叩头虫这个形象的名字。叩头不是在求饶，而是一种挣扎逃脱的自救方式。捕猎者稍不留神，它们就会弹跳逃走。它们还会以叩"响头"的方式进行信息传递，吸引异性。

天牛

天牛的家族很庞大，全世界有2.5万多种，在中国以星天牛最为常见。天牛体长1.5～11厘米，是蛀食树木的害虫。被抓住时，天牛会发出"嘎吱嘎吱"的声响，企图挣脱逃命。天牛一点都不挑食，花粉、树皮、树汁都喜欢吃。不过天牛有点懒，总喜欢静静地待在树干上。

龙虱

龙虱是昆虫里的潜水能手，能够在水下停留很长时间，不会因为缺氧被憋死。这是因为它们的硬翅下有个很大的空腔，叫作储气囊，专门用来储存气体。当龙虱停在水面上时，硬翅轻轻抖动，把体内的二氧化碳等废气排出，把新鲜的空气吸入气囊。它们潜入水中后，就靠气囊里的空气来呼吸。气囊中的氧气用完时，它们便再次浮出水面，排出废气，重新吸入新鲜空气。

锹甲

锹甲有800多种，一般是黑色或褐色的，最大可长到10厘米左右。它们的头很大，身强力壮。雄性头部长着一对发达的上颚，大颚上还常常带有细细的、锋利的锯齿。它们爱吃植物的叶子和汁液，相遇时特别爱打架。在打斗中如果有一只锹甲被打翻在地，它便很难翻过身来。这时，它很容易被鸟类等天敌吃掉。

虎甲

虎甲头宽大，复眼突出；有3对细长的胸足，行动敏捷而灵活，常在山区道路或沙地上活动，能低飞捕食小虫。当人们步行在路上时，虎甲总是在行人前面距离三五米之处，头朝行人。当行人向它们走近时，它们又低飞后退，仍头朝行人，好像在跟人们闹着玩。因它们总是挡在行人前面，故有"拦路虎"之称。

象甲

象甲又称象鼻虫，其头部前伸的长管会让人想起大象的鼻子。不过，这个长管是象鼻虫的口器，也是它们的主要识别特征。象鼻虫的另一个特点是触角生在口器上，这在其他昆虫中很少见。此外，它们那管状的头部能左右转动，非常灵活，像是建筑工地上大吊车的吊臂；又像一根电钻，能在树干或叶子上钻洞。

苍蝇和蚊子

　　苍蝇和蚊子都是体形较小的昆虫，但它们却给人类生活造成了很大的麻烦，历来都被看作是必须消灭的害虫。

"吃吗吗香"

　　苍蝇的食谱很广，几乎各种干净或肮脏的东西它们都可用来充饥。它们喜欢吃各种甜食、鱼、虾以及腐烂的瓜果，还有动物尸体及伤口上面的脓血、地面上的痰等，特别爱吃人畜的粪便。它们多以腐败有机物为食，因此常见于卫生较差的环境。苍蝇也极其贪吃，吃撑了以后往往还会把一些已吃进肚子里的食物再吐出来。

苍蝇幼虫

春天灭蝇事半功倍

　　苍蝇一次交配可终生产卵，一只苍蝇一生可繁殖出成千上万个后代。春天是第一代成蝇繁殖的高峰期，在春天里消灭一只苍蝇，就等于夏天消灭上万只苍蝇。

苍蝇"搓脚"

　　苍蝇是最不讲卫生的昆虫。它们停留在脏东西上时，脚上容易粘上大量病菌。它们到处飞，会传播痢疾、霍乱、病毒性肝炎等疾病。可是，每当它们停下来的时候，它们喜欢把脚搓来搓去，好像它们十分爱干净似的。其实，苍蝇是用脚来尝味道的。它们无所不在，无处不停，这样一来它们的脚自然免不了要粘上许多东西，影响它们品尝食物。为了保持味觉灵敏，它们就形成了一停下来就搓脚的习性。

躲不开的蚊子

蚊子无处不在，是一种具有刺吸口器的纤小飞虫，全球约有 3300 种，中国约有 350 种。除南极洲外，各大陆皆有蚊子分布。

蚊子的成长史

根据种类的不同，蚊子的卵产在水面、水边或水中 3 种不同的位置。蚊子的幼虫称孑孓，它们用吸管呼吸，身体细长，呈深褐色，在水中上下垂直游动，取食水中的细菌和单细胞藻类。

 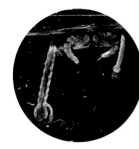

蚊子的蛹从侧面看起来为豆点状，不摄食，但可在水中游动，经 2 天完全成熟。在自然条件下，雄蚊交配后约 7～10 天死亡，秋天温度降到 10 摄氏度以下时，蚊子就会停止繁殖，大量死亡。

只有雌蚊才吸血

通常只有雌蚊才吸血，雄蚊不会吸血，而是"吃素"，专以植物的花蜜和果子、茎、叶里的液汁为食。雌蚊偶尔也品尝植物的汁液，然而，一旦婚配，就非吸血不可。因为繁殖前雌蚊需要叮咬动物，以吸食血液来促进卵的发育成熟。

蚊子不喜光

不同种类的蚊子对光的强弱的适应度也不同，例如，库蚊和按蚊多半在黎明或黄昏时出来活动，而伊蚊却多半在白天活动。不过不论在白天还是在晚上活动的蚊子，都喜欢避开强光，即使是在白天活动的伊蚊，也不在光线最强的时候出来，而是在午后三四点钟才开始活动。

☠ 警惕！

部分种类的蚊子会传染病毒性的疾病，包括疟疾、黄热病、登革热、日本脑炎、多发性关节炎等。幸运的是，艾滋病不会因蚊子叮咬而传染。

螳螂

螳螂是非常凶猛的中大型昆虫，被称为昆虫王国中的"小霸王"。它们的头部是三角形的，而且活动自如；前足腿节和胫节有利刺，胫节呈铡刀状，常向腿节折叠，形成捕捉性前足；腹部肥大。

螳螂在无路可逃时会使出撒手锏，即打开翅膀，以炫丽的颜色吓退敌人。

眼斑螳螂

"祷告"是为了杀害

螳螂常常会静静地待在草丛中，将两条前腿合起来举在胸前，仿佛在虔诚地祷告。一旦有其他昆虫进入其攻击范围，它们那大铡刀似的前腿便像箭一般弹射出去，重重地扣在猎物身上，然后用嘴把猎物一点点地肢解、吞噬。

昆虫界的杀手

螳螂是肉食性昆虫，猎捕蝗虫、飞虱、苍蝇、蝴蝶等各类昆虫，分布在南美洲的个别种类还不时攻击小鸟、蜥蜴或蛙类等小动物。它们在田间和林区能消灭不少害虫，因而对人类来说是农业益虫。

"同室操戈"

螳螂非常凶猛，残暴好斗，在缺吃少食的时候，时常会出现大螳螂吞食小螳螂的"同室操戈"现象。螳螂是渐变态的昆虫，没有蛹期。有时，一对"情侣"刚交配完毕，雌螳螂就会毫不留情地吃掉雄螳螂。

善于伪装的伏击手

螳螂能让自己身体的颜色与周围环境一致，然后一动不动地藏在枝叶或花丛中，依靠保护色和耐心，伺机捕食从这里经过的昆虫。有的螳螂还会拟态，与其所处的环境相似，借以捕捉猎物。

蜻蜓和豆娘

蜻蜓和豆娘都是极其美丽的益虫，始终受到国内外昆虫爱好者的青睐。在国外，有些昆虫爱好者对它们的痴迷甚至超过对蝴蝶的喜爱。

幼虫

半变态昆虫

蜻蜓和豆娘的幼虫是在水中长大的，它们以捕食水中的小动物为生。稚虫长大后爬到水草上蜕皮，变为成虫，属半变态昆虫。

正在进食的豆娘

食肉者

蜻蜓和豆娘都是肉食性昆虫，擅长捕食蚊类、小型蛾类、叶蝉、蚜虫、小苍蝇等小飞虫。二者分属不同亚目，蜻蜓属差翅亚目，而豆娘属等翅亚目。

天气晴雨表

蜻蜓在正常天气里，常栖息在近水的树丛或芦苇中，较少出来。它们成群在低空飞舞时，预示着不久就要下雨。小暑前后，红蜻蜓成群在田野上空低飞，是不久将进入伏旱高温天气的征兆。立秋前后，黄蜻蜓成群在田野低空盘旋，说明将有一段连绵阴雨的天气要到来。

美丽的豆娘

豆娘的中文学名是螅，豆娘很像蜻蜓，但体形比蜻蜓小。体表色彩丰富，非常艳丽。心斑绿螅也叫蓝豆娘，据说是"最蓝的豆娘"。英国和欧洲大多数国家都有蓝豆娘，它们是野生动物摄影师最喜欢的动物。豆娘成虫常在水域附近活动，所以在山川溪流和湖畔塘沼，人们都可以看到它们翩翩飞舞的娇姿。只不过许多豆娘体形纤细，也不长距离飞行，不容易被发现。

蜻蜓点水

在繁殖季节，雌蜻蜓会贴近水面飞行，快速把肚子浸入水中，把卵产在水里，蜻蜓点水其实是蜻蜓在产卵。蜻蜓为什么要"点水"产卵呢？原来，蜻蜓的稚虫——水虿，大半辈子时间待在水里。蜻蜓的卵要在水里孵化，孵出的稚虫却不像蜻蜓。它们有3对足，没有翅；在消化管的后端长着鳃，靠腹部伸缩来吸水、排水，氧气经过鳃进入气管。同时，它们还可以利用这种力量迅速前进，躲避敌害。

蜻蜓与豆娘的主要区别

眼睛距离

蜻蜓的复眼大部分彼此相连或只分开较短的距离；豆娘的两眼分开的距离较大，形状如同哑铃一般。

翅膀形状

蜻蜓前后翅形状大小不同，差异较大；豆娘前后翅形状大小近似，差异较小。

停栖体态

蜻蜓在停栖时，将翅膀平展在身体的两侧，好似机翼；豆娘在停栖时，翅膀合拢并竖立。

蝽

蝽，旧称蝽象。它们有臭腺孔，能分泌臭液，臭液在空气中挥发成臭气，所以它们又有放屁虫、臭板虫、臭大姐等俗名。中国已知的蝽约有 500 种，多数种类为植食性昆虫。蝽属于渐变态昆虫。成虫、若虫将针状口器插入嫩枝、幼茎、花果和叶片组织内，吸食汁液，会造成植株出现生长缓滞、枝叶萎缩，甚至花果脱落等"病症"。小部分种类的蝽是肉食性昆虫，以一些小昆虫为猎捕对象。

田鳖的雌虫会将卵产在雄虫背上，直到若虫孵化出来为止。雄虫一直背着虫卵，故称负子蝽。

负子蝽

负子蝽生活在水中，在昆虫中属于大块头。它们头部小，身体扁阔，呈褐色；前足强壮，用于捕食；扁扁的后足呈桨状，能划水。负子蝽常悬浮在池塘或湖泊的静水中，或者附着在水草上静伺猎物。悬浮在水中时，它们会使腹部末端穿出水面——因为它们的呼吸管在腹部的末端。负子蝽捕食凶狠，吃水中的小鱼、小虫，甚至还能捕捉比自己身体更大的鱼。雌负子蝽常常把产下的卵牢牢地粘在雄虫背上，由雄虫背着孵化。而雄负子蝽也很尽职，常游到水面上，或者用后足划水，使卵得到充足的氧气，以利于卵的孵化。

菜蝽　　　　稻绿蝽　　　　斑须蝽　　　　赤条蝽

"臭气功"

　　为了生存，蝽专门练就了一种别出心裁的"臭气功"。它们身上有种特殊的臭囊，开口在胸部，一旦受到惊吓，就会分泌出一种名叫"臭气酸"的气体。这种气体特别容易挥发，很快便会弥漫到空气中，变得臭不可闻。敌人闻到臭味不敢进攻，蝽则为自己赢得了逃跑时间。

棘皮动物

棘皮动物是一类身体表面有许多棘状突起的海洋动物。它们形状多样，外观差别很大，有星状、球状、圆筒状和花状等。棘皮动物分布在世界各海洋中，是重要的底栖动物。它们对水质污染很敏感，很少出现在被污染了的海水中。它们约诞生于 5.7 亿年前，已记录的化石约有 1.3 万种，现存种类约有 6000 种，中国沿海现存约 500 种。

海星

海星是生活在大海中的一种棘皮动物。它们身体扁平，呈五角形或星形，背上部中央有个平滑、多孔的筛板。它们无头和胸，只有口面与反口面之分；腕与体盘分界不明显，口在腹面，肛门和筛板在反口面。消化器官有一部分延伸入腕中，腕的腹面有步带沟，沟内有 2～4 列管足。每个管足的末端有 1 个吸盘，海星会利用管足的移动和管足上吸盘的吸力，在海底爬行和捕捉猎物。它们的主要捕食对象是一些行动较迟缓的海洋动物，如贝类、海胆、螃蟹和海葵等。海星有很强的繁殖能力，寿命可达 35 年。海星的绝招是"分身有术"。若把海星撕成几块抛入海中，每一碎块会很快重新长出失去的部分，从而长成几个完整的新海星。我们看不到海星的眼睛，但海星的皮肤上长有许多微小的晶体，每一个晶体都有聚光质，像眼睛那样获取来自四面八方的信息，因此我们说海星浑身都是"监视器"。

蛇尾

蛇尾是棘皮动物大家族中成员最多的一支。它们腕的形状和运动姿势很像蛇的尾巴，因此得名。蛇尾分布范围广，数量多，从两极寒冷水域到热带海洋，从泥沙滩到岩礁间，到处都有它们的踪迹。蛇尾身体扁平似星，腕细，与体盘分界显著；筛板在腹面，无肛门。蛇尾主要吃腐肉和浮游生物，如硅藻、有孔虫、小型蠕虫和甲壳动物等，有时也捕捉大型动物。它们的摄食器官主要是腕和口部的触手。取食时，它们会用一根或数根腕伸入水中或泥面，用其他腕固定身体。蛇尾的腕很容易断，人们在海边采集蛇尾时，稍有不慎就会把它们掐断。蛇尾有很强的"自切"和再生能力，尤其在腕部表现突出，因此被称为"脆海星"。蛇尾的"自切"是其御敌的妙招，它们可以凭借断掉部分腕足来换取整体的生存。失掉的部分腕足，不久又会再生。

海胆

　　海胆生活在海洋浅水区，是地球上最长寿的海洋生物之一。它们身体呈半球形、心形或饼形，口在腹面，肛门多半在反口面。有筛板，有钙质小板构成的坚壳，壳上有棘，就像一个个带刺的仙人球，因而有"海中刺客"之称。海胆大多生活于海底，喜欢栖息在海藻丰富的潮间带以下的海区礁林间或石缝中以及坚硬沙泥质的浅海地带，具有避光和昼伏夜出的特性。它们天生胆小，只要一见到敌人，就会逃跑。海胆的移动并不快，其速度和捕食有关：若食物丰富，它们每天可能只移动 10 厘米左右；若食物稀少，则每天可以移动超过 1 米，到处寻找猎物。海胆的运动是靠透明、细小、数目繁多、带有黏性的管足及棘刺来进行的。海胆的食谱很广，肉食性的海胆会以海底的蠕虫、软体动物或其他棘皮动物为食，而草食性的海胆的主要食物是藻类。另外，有些海胆以有机物碎屑、动物尸体为食。海胆卵是很好的生物学实验材料。有人把海胆卵随宇宙飞船发射到太空中，以探索宇宙射线和外层空间环境对有机体的影响。海胆卵的发育变态情况也可以用来检验海水水质的污染程度。

海百合

海百合是现生棘皮动物中最为古老的一类，在几亿年前，海洋里到处都有它们的身影。其身体有一个像植物茎一样的柄，柄上端伸出多条羽状的腕足，腕足的数量因海百合的种类而不同，最少 2 条，最多可达 200 多条。这些腕足就像蕨类的叶子一样，使人们将其误以为植物，它们因此而得名海百合。海百合是滤食动物，食物主要为浮游生物。它们在捕食的时候将腕足高高举起，浮游生物被腕足捕捉后送入步带沟，然后被包上黏液送入口中。当它们吃饱喝足后，腕足会轻轻收拢下垂，活像一朵即将凋谢的花，其实那是它们在睡觉。

海参

海参又名海鼠、木肉，是一种古老的棘皮动物，至今已经有大约 6 亿年的历史。其身体呈圆筒形，一端有口，另一端为肛门，全身长满肉刺般的触手，皮厚，骨板不发达，形成微小的骨针或骨片，柔软而黏滑，肌肉发达，善于收缩。海参的品种很多，世界约有 900 种，中国有 100 多种。海参大体可分为有刺和无刺两类，有刺的为刺参，无刺的为光参或秃参。它们广泛分布于世界各地海洋中，以海底藻类和浮游生物为食。

海参的神奇本领

变色

海参能随着居住环境的改变而变化体色。生活在岩礁附近的海参为棕色或淡蓝色，而居住在海藻、海草中的海参则为绿色，它们以此躲过天敌的伤害。

休眠

当水温达到 20 摄氏度以上时，海参就会转移到深海的岩礁暗处，藏在石底，背朝下，不吃不动，整个身子萎缩变硬，一睡就是一个夏季，等到秋后才恢复活动。

排脏逃生

当遇到天敌偷袭时，海参会迅速把自己体内的五脏六腑喷射出来，让对方吃掉，而自身则借助排脏的反冲力，逃得无影无踪。50 天左右后，海参会长出一副新内脏。

排异

用针线或铁丝穿透海参肉体，打上死结，不到半个月，海参会将异物排出体外，其肉体不留任何痕迹。

预测天气

当风暴来临前，海参会提前躲到石缝里。渔民可以利用这种现象来预测海上风暴的情况。

共生

海参生性迟钝，行动迟缓，一般栖息在海藻间、珊瑚砂底或礁石缝中，能一动不动地长时间停留在环境合适的地方。它们几乎没有防御能力，与它们形成共生关系的生物达 10 多种，如隐鱼、白瓷螺、小型虾类等。

分身

将海参切为数段投入海里，经过 3 ~ 8 个月，每段又会生成一个完整的海参。有的海参还有"自切"的本领，当条件适宜时，能将自身切为数段，每段又会长成一个海参。

自溶

海参离开水后，在短时间内会自动融化成水状。干海参接触到油性物质也会自溶。

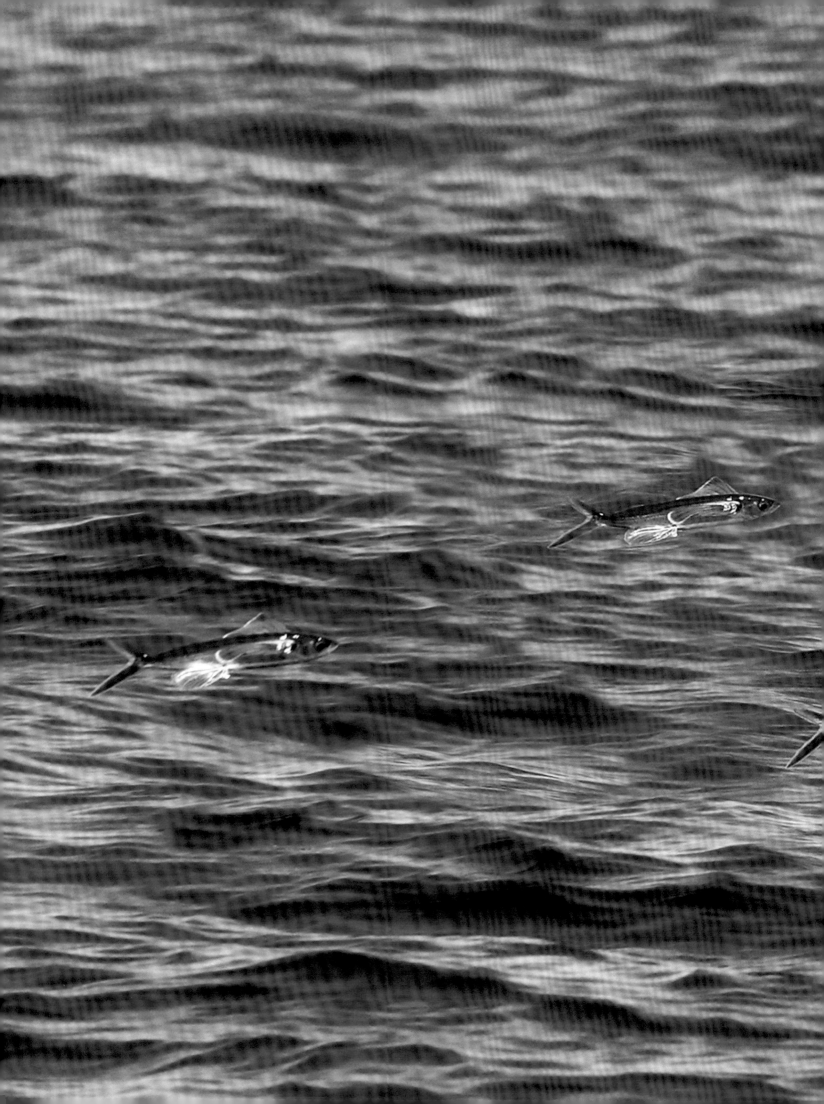

第四章

CHAPTER 4

鱼类

一般认为，鱼类是身体为流线型、皮肤黏滑、用鳍运动和维持身体平衡、用鳃呼吸的水栖动物。科学家们按照骨骼软硬把它们分为软骨鱼和硬骨鱼两大类。

鱼的基本特征

在脊椎动物中，鱼的种类最多，大约超过 2.5 万种。一般认为，鱼类的最基本特征是栖息于水中，用鳃呼吸；身上长有鱼鳍，大部分个体体表覆盖着一层鳞片；身体分头、躯干和尾部。

旗鱼

游动速度最快的鱼

世界上游动速度最快的鱼是旗鱼。旗鱼身体呈流线型，长着月牙状的尾鳍，背鳍竖起像一面旗帜。它们在水中游动的时速可高达上百千米。旗鱼的这种速度，非常有利于向猎物发起突然袭击。

鱼的游动姿势

鳐、比目鱼等一些底栖鱼类身体扁平，能使胸鳍或身体做波浪形运动而游动。攀鲈会爬出水面，扭动身体或用强大的胸鳍撑地前进。

大多数鱼靠摆动尾鳍在水中游动。

鳍

鱼的运动器官称鳍。大多数鱼具有 1 个背鳍（有的为 2～3 个）、1 个尾鳍、1 个臀鳍以及 1 对胸鳍、1 对腹鳍。鱼鳍就像鱼的手和脚，能帮助鱼在水中保持平衡。鱼鳍还有舵的功能，能掌控鱼的游动方向。流线型躯体再配上鱼鳍，使鱼成了天生的游泳健将。

鱼游动的速度

不同鱼类的游泳姿势不尽相同。有的是靠扭动身体来游动，例如蛇形鱼类；有的是靠腹部的鳍来游动，像鳐鱼等。在大洋中游动速度快的鱼类，都是通过尾鳍的快速摆动来推动身体前进的。鱼的游动速度和鱼的体形有关。鱼体呈流线型，身体修长，并长着月牙形尾鳍的鱼，游动速度最快。

小而平齐的尾鳍游动速度慢。

月牙形尾鳍游动速度快。

尾鳍

尾鳍位于鱼的尾端。它既能稳定鱼体，把握运动方向，又能和尾部一起产生前进动力。

鳔

许多鱼类的体内有 1 个或 2 个大气泡，称为鳔。鳔里面充盈的是由特殊腺体产生的气体（主要为氧）。深海鱼的鳔内可充以油液。鳔可大可小，它可以控制鱼在水中的沉浮。鳔变大，浮力增大，鱼的身体就上浮；鳔变小，浮力减小，鱼的身体就下沉。

没有鳔的鲨鱼会沉底吗？

有些鱼类没有鳔，它们在水中要一刻不停地游动，才能保证不沉入海底，鲨鱼就属于这类鱼。为了适应这种生活，鲨鱼长着上边大、下边小的尾鳍，这种尾鳍既可以帮助鲨鱼快速游动，也能够在鲨鱼缓慢游动时产生漂浮作用。

小丑鱼

地球上最早的脊椎动物

地球上的生命起源于海洋，原始的物种就是在海床上产生的。约在 5 亿年前，海洋里出现了第一种脊椎动物——一种没有腭也没有鳍，而且身体也不大的鱼。随着时间的推移，这种鱼长出了鳍，并形成多骨骼的身体结构。后来，它们又长出腭和牙，捕食的能力增强，活动范围也随之扩大。

总鳍鱼

护板鱼

无腭鱼

盾皮鱼

鱼的祖先

空棘鱼

据科学家考证，在非洲南部海域发现的空棘鱼（拉蒂迈鱼），是总鳍鱼类的一种。早在约 3.5 亿年前的古生代泥盆纪，它们就已经生活在海洋中了。

卵生与卵胎生

大多数鱼类都会产卵，卵在水中孵化出小鱼，这种生殖方式叫卵生。多数鱼类的卵都很小且数量很多，产于水底或水中植物之间。卵的孵化时长从几天到几周不等。刚从卵中孵出的小鱼称仔鱼，它们发育不完全，几周（某些七鳃鳗达 5 年左右）后才开始长出鳍、骨骼等器官，逐渐发育成为具有成年鱼形状和特征的幼鱼。幼鱼死亡率极高。不同鱼类的仔鱼、幼鱼差异很大。少数鱼的卵在妈妈体内孵化成小鱼才出生，这种方式则叫卵胎生。鲨类及真骨鱼类各约有 12 科的种类为胎生或卵胎生，这种幼鱼体形较大，但数量较少。太平洋的海鲫类幼鱼很与众不同，雄鱼宝宝出生时性已经成熟。

仔鱼从鱼卵中孵出。

鱼卵

鲨鱼卵很大，外有厚厚的
卵鞘，能附着在珊瑚上。

受精卵发育。

仔鱼逐渐成形。

仔鱼破卵而出。

鱼的行为习性

没有"耳朵"

鱼类虽然没有外耳，但却能听见声音。鱼的听器（内耳）位于颅内脑两侧、眼后方，水中声波通过鱼类头部和躯体的骨骼体液传入内耳。另外，鱼身体两侧的侧线也能感觉到水的波动。

视觉发达

很多鱼的视觉比较发达，它们的眼睛里多有球形的晶状体，靠移动晶状体在眼球内的位置完成视线调节。许多浅水鱼有色视觉，能看到丰富的色彩。

睁着眼睛睡觉

鱼没有眼睑，所以睡觉时睁着眼睛。睡眠时，鱼的身体仍保持平衡，缓慢游动，保持"半睡半醒"的警觉状态，就像人类打盹。

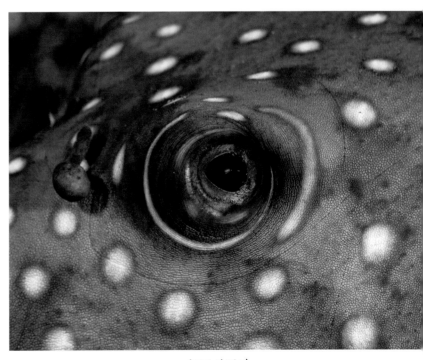

河豚的眼睛

"恩将仇报"

　　鲫鱼的头顶有一个吸盘，可以吸在鲨鱼和海龟的肚子上，靠吃它们掉落的食物残渣为生，而鲨鱼和海龟却得不到任何好处。马尔加什的渔民常将绳子拴在鲫鱼的尾巴上，然后把鱼放入大海，靠它们找到海龟，从而进行捕捉。

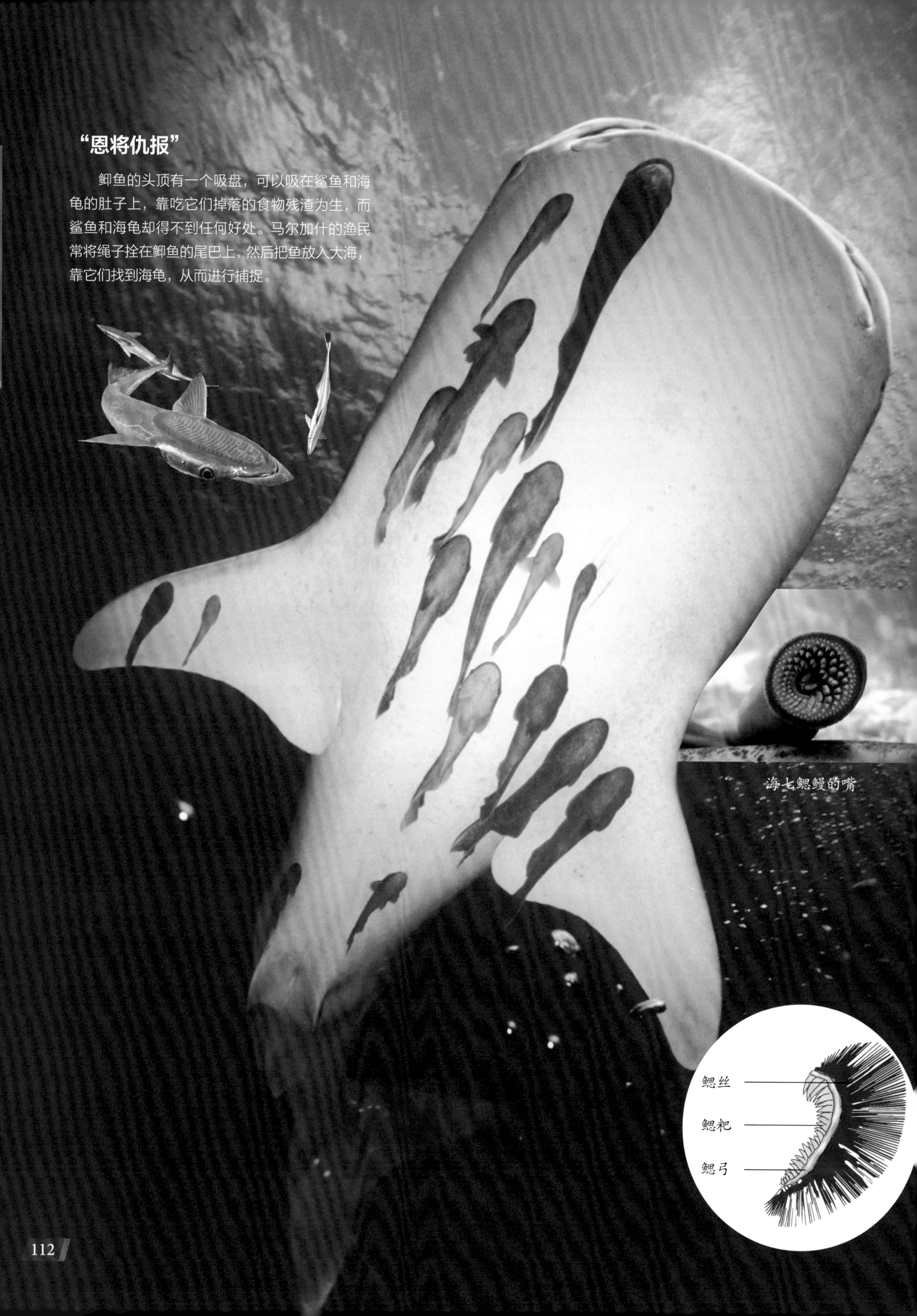

海七鳃鳗的嘴

鳃丝

鳃耙

鳃弓

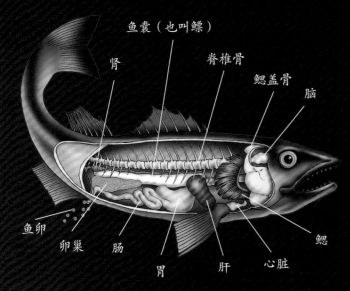

鱼的身体构造

（标注：鱼囊（也叫鳔）、肾、脊椎骨、鳃盖骨、脑、鱼卵、卵巢、肠、胃、肝、心脏、鳃）

牙齿

有些鱼长有牙齿，而有些鱼则没有牙。不同的鱼类牙齿的位置和形状有很大区别，如带鱼的牙长在上、下颌上，而鲤鱼和鲢鱼的牙则长在喉咙处，叫咽喉齿。鹦鹉鱼的嘴很像鸟的喙，具有门牙一样的牙，可以咬食珊瑚。某些鲇鱼的颌上排列有小刷状的牙，用来刮食岩石上的动植物。

鹦鹉鱼的牙齿

濑鱼

濑鱼清理石斑鱼的牙齿

鳃

鱼类都用位于头两侧的鳃呼吸，鳃外面有起保护作用的鳃盖，使鳃不易受伤。鱼呼吸时，水从口中进去，再从鳃盖后面的裂口出来，水中的氧气就进入血液中。

鱼缺水吗？

如果将两份浓度不同的盐水，倒在一个容器中，中间放一张可渗透的膜，那么，浓度较低的溶液就会透过薄膜，渗透到浓度较高的溶液那一边，这就是渗透作用。淡水鱼的体液浓度要高于周围的淡水，根据渗透原理，外界的水会经过鱼鳃，不断地往淡水鱼体内渗透，所以它们不仅不用喝水，还得把多余的水分排出体外，不然会被活活胀死。相反，海水中的硬骨鱼类的体液浓度一般比海水低，其体内的水分会不断地从鳃和体表向外渗出，为防止失水，它们不得不经常喝水。不过，绝大部分软骨鱼（如鲨）血液中含有很多尿素，这使它们的体液浓度比海水浓度高，所以它们和淡水鱼一样不喝水。

鱼类捕食妙法

巨口过滤式

淡水中的花鲢、白鲢等鱼，嘴巴很大，但鳃耙却很密。它们不断吞水，然后水自鳃孔排出，水中的小型浮游生物就被鳃耙挡住，留在口中，成为它们的美食。

触须探索式

淡水中的鲶鱼、泥鳅和海洋中的羊鱼等，生活在昏暗的水体底部，捕食环境比较暗，它们擅长用嘴巴周围的触须作为探索器，用触须上的味蕾来搜索食物。一旦遇到可口的食物，它们就张口吞下。

吮吸刮壁式

鲴鱼、白甲鱼等鱼的口位朝下，口唇有角质喙或细齿，用来刮食水底附着在藻类和石壁上的青苔。胭脂鱼的上、下颌长有肉质厚唇，用以吮吸底栖动物。

张口辍吸式

黄鳝的嘴巴看上去较小，实际却很大。当发现猎物后，它们悄悄逼近，大口猛张，连食带水一块吞下。如果遇到的食物太大，它们还会迅速旋转身体，将食物拧断后吞下。

穷追不舍式

狗鱼等生活在水体上部的鱼类，口很大，视力好，游速快，以其他鱼为食。一旦发现猎物，它们便穷追不舍，直至将其吞下。

守株待兔式

鳜鱼等生活在水体底部的鱼，嘴巴大，视力也不错，游速虽然不算很快，但爆发力极强。它们以水草、石块为隐蔽物，埋伏起来耐心等待，一旦发现猎物，身体便像炮弹一样射出，将鱼虾吞下。如果失败，它们则退回原地等待下一次机会。

洄游性鱼类

大多数鱼类都有洄游行为，即在不同水域间迁徙的行为。有的可长途跋涉往返千百海里，到鱼虾类群聚的海域觅食，到产卵场生殖，冬季则回到深水处或低纬度水域越冬。

溯河鱼和降河鱼

平日栖居海内，到了生殖季节返回淡水内产卵的鱼称溯河鱼类，如鲑鱼，包括中国的大马哈鱼。还有一类鱼称降河鱼类，它们大部分时间栖居于淡水中，只是在生殖季节入海产卵。分布于中国的降河鱼仅有鳗鲡和松江鲈鱼。

大马哈鱼

　　大马哈鱼生于江河，长于海洋，是一种著名的洄游性鱼类。大马哈鱼在海洋中生活了几年，达到性成熟后，便会相约结伴游回它们的出生地去繁殖后代。每当金秋时节，游弋在北半球清澈低温水域里的大马哈鱼便集聚在一起，离开海洋，进入江河，进行大规模的远程洄游。大马哈鱼的洄游路程超过 2000 千米。大马哈鱼有十分发达的感官，能感知和识别出生水域的气味、温度和化学成分。因此在洄游时，它们总能找到几年前入海时的河口，最终到达它们的出生地。在洄游的过程中，大马哈鱼不进食，只靠消耗体内储存的大量脂肪维持体力。产卵之后，成鱼体重一般要减少 40％以上，这时它们会由于体力衰竭而死亡，很少能重新游回大海。

大马哈鱼回到出生地。

江河

江河 ⟶ 海洋

海洋 ⟶ 江河

海洋

大马哈鱼在江河中产卵、繁殖。

大马哈鱼聚集洄游。

大马哈鱼在海洋中生活。

鳗鲡

　　鳗鲡每年入冬后由江河漫游入海，在西沙群岛和南沙群岛附近的海底产卵。刚孵出的鳗鲡十分细小，形似柳叶，被称为"柳叶鳗"。它们随海流漂泊到沿岸河口，经变态发育长成白色透明的线状"玻璃鳗"，然后成群逆流而上，游回江河上游发育生长。在洄游中，鳗鲡不仅能攀登瀑布、水坝，甚至还能爬过潮湿的巨石。

刚孵出的鳗鲡

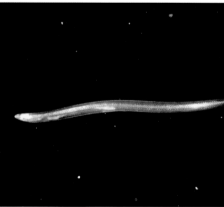

"玻璃鳗"

康吉鳗是一种凶猛的肉食性海产鳗类，广泛分布于各大洋，有时栖于深海。体长可达 1.8 米。

海鳗

　　世界上的海鳗约有 14 种，中国有 5 种，它们分布于印度洋和太平洋。其体长一般为 0.5～1.5 米，大的可达 2 米。海鳗身体细长无鳞，躯干接近圆筒状，尾部侧扁，背、臀和尾鳍相连，胸鳍发达。海鳗为暖水性的底层鱼类，一般喜欢栖息在水深 50～80 米的泥沙底海区，有季节性洄游特性。晴天或者风平浪静、海水透明度大时，它们躲藏在洞穴中很少活动，但是到了风浪大、水质混浊时就四处觅食，尤以黄昏至凌晨时最为活跃。海鳗凶猛贪食，它们游动迅速，以虾、蟹、小鱼、章鱼为食。

鲨鱼

鲨鱼属于软骨鱼类。世界大洋中的鲨鱼有 300 余种，人们常见到的仅有 50 余种，其中有 20 余种食肉类鲨鱼会主动攻击人。生活在热带温暖海域的鲨鱼，例如大青鲨、双髻鲨、噬人鲨（俗称大白鲨）等，是最具攻击性的食肉鱼类，被称为"海洋猎手"。

奇妙的育儿袋

近岸生的小型鲨鱼为卵生，每次产卵不多，仅有几颗。这些卵从鲨鱼体内排出时，外面裹着一层胶质物，进入水中后，胶质物就变成坚韧的育儿袋，挂在海草或岩石上。鲨鱼卵就在这个育儿袋中孵化发育。

鲨鱼的皮肤

鲨鱼的皮肤很粗糙，表面覆盖着一层带齿的盾形鳞片。鳞片上的齿很尖锐，就像鲨鱼的牙齿一样锋利。不同种类的鲨鱼鳞片上齿的形状也不同，因此可以根据鳞片齿的形状，识别鲨鱼的种类。

敏感的面部

海洋生物在水中游动时，会发出微弱的电磁波。鲨鱼的面神经非常发达，能探知海水中各种生物产生的电磁波，并由此确定猎物的方位，以采取行动进行攻击。

鲨鱼皮肤上的
鳞片细节图

双髻鲨体长 3.5 ~ 6 米，以小型鲨鱼、硬骨鱼和乌贼为食，分布在世界范围内的温带海域和热带海域。

当位于前排用来捕获食物的钳齿脱落后，后排的牙齿会再长出来补到前排。

切齿　　　尖齿　　　磨齿　　　钳齿

鲨鱼的牙齿

鲨鱼长有数排牙齿，这些牙齿像锯齿一样，非常锋利。当前排的牙齿脱落后，后排牙齿就会长出来替补。猎捕食物时，鲨鱼用下颌利牙咬住猎物，然后上、下颌前后运动，迅速将食物送入腹中。鲨鱼一口能吞下几十条小鱼，甚至还能咬死和吃掉比它们大的鱼类。

大白鲨体长达 6 ~ 8 米，
以海豹、海豚及大型鱼类为食，
分布在温带海域。

卵胎生鲨鱼

大洋中有些鲨鱼不直接产卵，属卵胎生。雌鲨产的卵不排出体外，而是在其腹中发育成幼鲨，有的胎儿在雌鲨腹中生活长达 1 年的时间。幼鲨一旦离开母体，便会游动觅食。

鳐鱼、魟鱼和蝠鲼

软骨鱼的板鳃亚纲可以分为两类，一类的鳃裂位于侧面，统称"鲨"，即鲨形总目；一类的鳃裂位于腹面，统称"鳐"，即鳐形总目。鳐鱼、魟鱼和蝠鲼都属于鳐形总目。

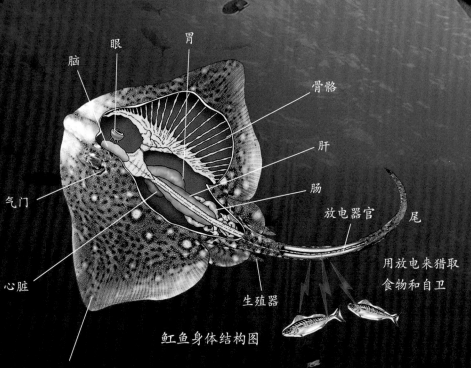

脑　眼　胃

骨骼

肝

肠

气门

放电器官　尾

心脏

生殖器

用放电来猎取
食物和自卫

魟鱼身体结构图

胸鳍突起的侧线，能感知温
度、磁场和电场强度。

鳐鱼

鳐鱼的尾鳍为歪型尾，具有背鳍。鳐总目中，除了鲼形目外的其他所有种类都可以称"鳐"。鳐鱼无毒，是不爱游泳的底栖鱼。尾侧常有一对长纺锤形发电器官，发电能力不太强。它们体长50～250厘米。

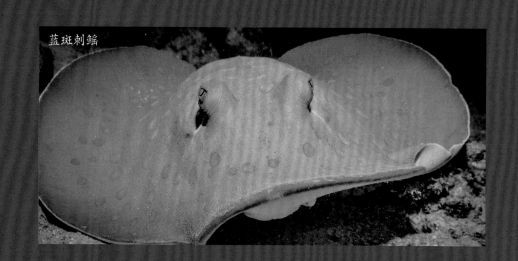

蓝斑刺鳐

蝠鲼的"恶作剧"

蝠鲼体形庞大，身体宽度大于长度，最宽可达8米，体重可达3吨。一些种类的尾部长有1～4根毒刺。蝠鲼并不会主动袭击人，而是常搞些"恶作剧"，它们会用体翼敲打船底，使乘客惊魂不定，或者把头鳍挂在锚链上，将小铁锚拔起来，使停泊的小船动荡不安。它们还会用头鳍把自己挂在小船的锚链上，拖着小船在海上跑来跑去，就像魔鬼在作怪。蝠鲼通常不会主动发动攻击，但在受到惊扰的时候，它们的力量足以击毁小船。

鳐鱼、虹鱼和蝠鲼的共同特点

身体扁平，胸鳍高度扩张，沿着身体两侧直达头部，并与头部、躯干部相互融合。背鳍小，位于尾部上方。口和鼻孔位于腹面，鳃裂5对，开口在头部的腹面，故又称下孔类。眼和喷水孔在背面，躯干和尾退化成细鞭状，游动能力不强，主要靠胸鳍游动。

虹鱼

虹鱼尾呈鞭状，一般没有背鳍。它们与鳐鱼最大的区别就是它的尾巴呈鞭状，上面有背鳍演化来的毒刺，且每年都会长出新的毒刺。毒刺能分泌毒液。如果人被刺中而没有及时治疗，几个小时后就会疼痛难忍，伤处慢慢红肿。几天后，手脚便不能动弹。

黑斑刺虹

蝠鲼

蝠鲼的口在鱼头的前端，由胸鳍分化出的两个突出的头鳍位于头的两侧。

能放电的鱼

　　在浩瀚的海洋中，有许多鱼类具有放电功能。但大多数鱼只能放出微弱的电流，只有电鳐鱼以及生活在南美沿岸海域里的电鳗和非洲尼罗河的电鲶的放电电压能达到几百伏。鱼类放电主要是用以抵御敌害，进行自卫，也能用于猎取食物。

电鳗

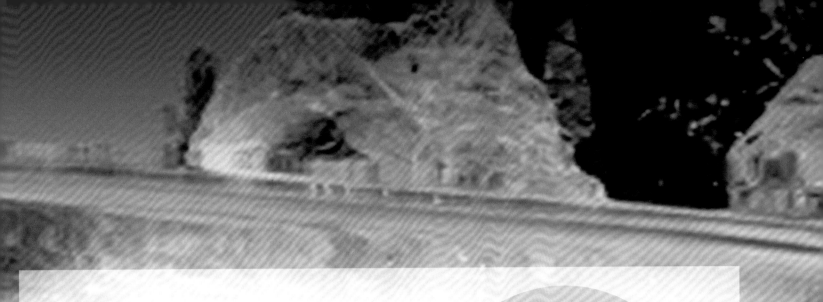

鱼的放电原理

鱼能够放电，是因为它们体内有放电器官。鱼的放电器官是由高效能的放电细胞构成的，这些细胞构成了若干个电极板。当鱼处于静止状态时，这些细胞组织不放电。一旦受到某种刺激，鱼的大脑就会接收到大量的神经信号，这些神经信号又通过神经传导组织的传递使放电细胞产生生物电能，立即从不放电变成放电状态。此时，鱼体内所有电极板或放电细胞的电能，会迅速聚集产生高电压。

不同的放电鱼类，它们的放电器官位置也不同。巨鳐的放电器官在背部两侧，其他放电鱼的放电器官多在尾部。

电鳗

电鳗的放电器官位于身体的两侧，为两个柱状放电体。整个放电器官大约占据了电鳗身体的一半，它们的放电电压可达 650 伏，是目前已知的鱼类释放的最高电压。电鳗常藏在水底，利用它们强有力的放电武器，轻而易举地捕获到食物。

海底"发电机"——电鳐

电鳐具有放电功能。电鳐在水中发电的电压一般为75～80 伏，最高可超过 200 伏。其中放电器官位于尾部的鳐鱼仅能产生较弱的电流，而放电器官位于胸鳍基部的巨鳐，放电电压可达 220 伏。电鳐在头侧和胸鳍间有发达的卵圆形发电器官，这是由肌肉组织变异而来的。鳐鱼早在古希腊就已见诸文字和陶器的图案上。电鳐放的电有多种作用：强电压和电流既可用来防御敌害，又可作为猎食的手段；低电压可作为声呐，用于定向和探测障碍物；当栖于混浊的泥水口时，电鳐释放的电脉冲还可作为鳐类之间通信联络的信号。

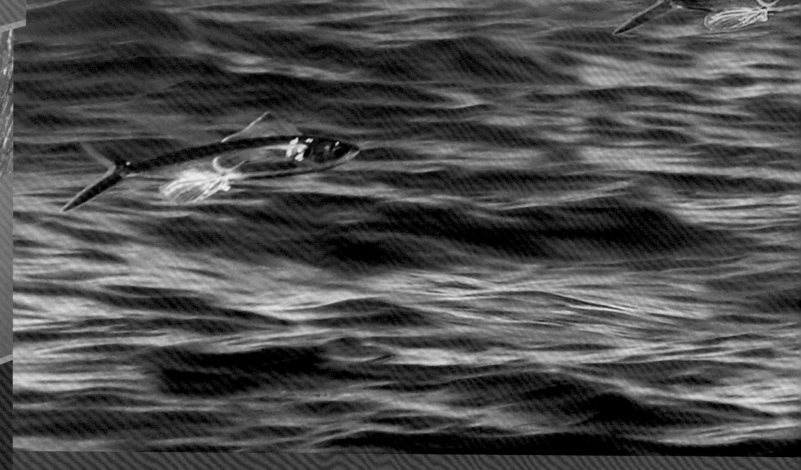

不像鱼的鱼

在脊椎动物中，鱼类的种类数量是最多的。不同种类的形态也存在着很大的差异。而无论它们之间的差异有多大，在水中生活、不停地游来游去，是它们最普遍的共性。但是，有些鱼并不像鱼，它们或爬上陆地，或飞到空中，颠覆了我们对鱼类最基本的认识。

离得开水的鱼——肺鱼

大洋洲、非洲和南美洲的肺鱼有着其他鱼类望尘莫及的本领：在干涸的河流中也能生存。旱季来临时，它们可以钻进泥里，用身体分泌的黏液把自己包裹起来，只留下一个或几个小孔与外界通气，便于呼吸。就这样，肺鱼在自己的"睡房"里一睡就是几个月乃至几年，直到河水充盈时再破"巢"而出。在休眠状态下，肺鱼能存活长达约4年之久。肺鱼离得开水的奥秘在于：绝大多数鱼类用鳔来增强自身的平衡性，呼吸则通过鳃进行；而肺鱼不仅能通过鳃来呼吸，也能通过鳔来呼吸，相当于拥有两套呼吸系统。在水中它们用鳃呼吸，没水时它们用鳔作肺来呼吸。

飞鱼

飞鱼的胸鳍形状像翅膀，特别长，一般可达到或超过背鳍起点，最长可达体长的3/4。飞鱼有着发达的肩带和胸鳍，再加上尾鳍、腹鳍的辅助，能够跃出水面，滑翔可达100米以上，以逃避剑鱼等天敌的追逐。飞鱼飞行的主要动力来自尾部，胸鳍只起到降落伞的作用。飞鱼在接近水面时，尾鳍急剧摆动，产生强大的冲力，使身体迅速前进。突然跃出水面后，它们立即把胸鳍张开，在空中做滑翔式飞行，姿态极为优美。但飞鱼不能控制飞行速度和方向，有时下降时会落到航行的船上。

翻车鱼

翻车鱼又称翻车鲀，多栖息在热带和亚热带的海洋中。翻车鱼一次怀卵量可高达3亿粒左右。它们拥有惊人的成长速度，刚出生时仅约0.25厘米长，但成年后体长可达3 ～ 5.5 米，体重达 1.5 吨以上。翻车鱼是已知最重的硬骨鱼，还是少见的恒温鱼类。

奇特的外表

翻车鱼身体很短，两侧扁平，呈卵圆形，身体后部好像丢掉了，只剩下半截身体似的。尾部很短，没有尾柄；头部短小，吻部钝圆。眼睛很小，口很小，上、下颌牙各愈合成一大板状牙，中央无齿缝，愈合成喙状。翻车鱼没有鱼鳞，但身体及鳍上的皮肤强韧、粗糙，有刺状或粒状的突起。翻车鱼有一个高大、呈镰刀状的背鳍，相对背鳍有一个同样高大、呈镰刀状的臀鳍。背鳍与臀鳍鳍条发达。圆形的胸鳍短小，尾鳍宽短。翻车鱼的背部为灰褐色，两侧为银白色，腹部为白色，各鳍为灰褐色。

活泼的翻车鱼

翻车鱼常单独或成群游动，有时 10 多只组成群。个体小的翻车鱼较活泼，常跃出水面。天气晴朗且无风时，它们喜欢浮在水面，背鳍及体背侧露在水外，捕食浮游动物；有风雨时或捕食的时候，它们则会把身体倒向一侧，用背鳍和臀鳍划水，游速很快。它们属于杂食性动物，以海藻、软体动物、小鱼、水母及浮游甲壳类等为食。

艰难的"鱼生"

刚出生时的翻车鱼体形很小，比小孩的指甲盖还小，很容易被其他鱼类捕食，生存艰难。成年后，翻车鱼行动迟缓，又遭到鲨鱼、海狮等动物的追捕，任由其他鱼类欺负。除了自然界的天敌，翻车鱼还要承受人类的威胁，它们是人类渔业兼捕的受害者，还会误将塑料袋当成水母吃掉，造成窒息或堵塞消化道，导致死亡。若不是有着惊人的产卵量，翻车鱼恐怕真要所剩无几了。

恼人的寄生虫

翻车鱼身上的寄生虫多达 50 多种。在翻车鱼厚厚的皮肤表面、眼眶、嘴巴里以及体表黏液里存在着各种寄生虫，甚至这些寄生虫身上还有更小的寄生虫。翻车鱼浮在海面上时，会有马夫鱼、隆头鱼和海鸟们来帮助它们清洁寄生虫。

外号一箩筐

翻车鱼最初命名时，被瑞典博物学家林奈称为"石磨"。由于翻车鱼圆润的身体在水中时不时泛出银白的亮光，法国人为它们起了一个浪漫的名字——月亮鱼。翻车鱼游泳的姿势像在跳曼波舞，于是日本人叫它们曼波鱼。由于它们常常在水面晒太阳，英美地区的人们称其为太阳鱼。翻车鱼外形奇特，看起来像是只有一个鱼头，德国人直接把它们称为"游动的脑袋"。

比目鱼

比目鱼是鲽形目鱼类的统称，鲽形目下约有 11 个科、750 个种，大部分种类都生活在海洋中。比目鱼的典型特征是鱼身扁平，两只眼睛长在身体同侧。它们在水中游动时不像其他鱼类那样背脊朝上，而是有眼睛的一侧向上，侧着身子游动，因此游动起来好像蝴蝶翻飞。

眼睛"搬家"

刚孵化出来的小比目鱼的身体是两侧对称的，每侧都有一只眼睛，而且它们常在近水面处游动。但数天后它们开始侧卧于水底，眼睛就在这时开始"搬家"，一侧的眼开始移向最终将变成鱼体顶侧的一侧；同时，它们的骨、神经、肌肉也发生了复杂的变化，身体下侧的颜色消退。比目鱼两边脑骨生长不平衡，尤其是前额骨显得更为突出，身体下面的那只眼睛因眼下那条软带不断增长的缘故而不断向上移动，渐渐地越过头的上缘移到另一侧，直到接近另一只眼睛时才停止。此刻它们的眼眶骨也就生成了，眼睛的位置就固定了。

眼睛的玄机

不同种类的比目鱼的眼睛位置也不相同，鲆科的两眼长在头部左侧，鲽科和鳎科的两眼长在头部右侧。比目鱼是肉食性底栖鱼，静止时一侧伏卧，部分身体经常埋在泥沙中，有些能随环境的颜色变化而改变体色。有眼的一侧（静止时的上面）有颜色，无眼的一侧（静止时的下面）为白色。它们的两只眼睛长在身体同一侧，对于等待猎物、躲避天敌有很大的好处。

比目鱼的分布

比目鱼均为底层海鱼类，其分布与海流、水深和水温等环境因素有密切关系。如赤道诸大洋西侧暖流多，比目鱼种类特多；中国黄海、渤海沿岸寒流强且有黄海冷水团，冷温性比目鱼种类较多；西太平洋南海等未受冰川期的强烈影响，比目鱼种类也很多。有少数种类如华鲆、江鲽、窄体舌鳎、褐斑三线舌鳎等可进入中国江河淡水区生活。

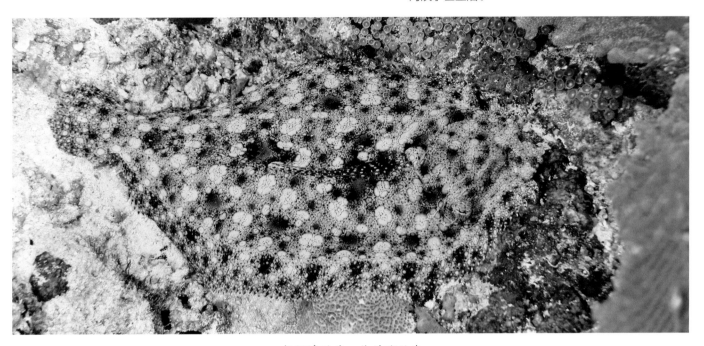

与环境融为一体的比目鱼

大西洋牙鲆

大西洋牙鲆体长可达约 1 米，分布于大西洋西部，栖息于沿岸水域、海湾或港口。大西洋牙鲆两眼通常位于身体左侧，以甲壳动物、软体动物和鱼类为食。它们是一种比较活跃的比目鱼，游泳速度不算太慢。它们的体色可以随着周围环境而改变，与海床的颜色融为一体，以躲避天敌。

大菱鲆

大菱鲆体长约 1 米，分布于大西洋东部撒丁岛、大不列颠岛，南至地中海。大菱鲆中的雌鱼比雄鱼大，它们的双眼通常位于身体左侧。大菱鲆主要以小鱼为食。它们也是伪装高手，棕色的鱼身上点缀着深色斑点，使它们栖息在海床上时难以被发现。

淡水热带鱼

热带鱼又称热带观赏鱼，指原产于热带、亚热带的鱼类，包括淡水热带鱼和海水热带鱼。热带鱼种类繁多，已发现的达千种以上。我们在这里介绍的是生活在淡水中的热带观赏鱼品种。

射水鱼

射水鱼分布于印度到菲律宾、澳大利亚沿岸红树林附近的海水、半咸水或淡水中。它们以陆生昆虫为食，能从口中射出一股水流，准确地射中 2 米以内的漂浮在水面或停息在水草上的飞虫。

丽鲷

丽鲷是栖息于热带水域的淡水鱼类，具有鲜艳的色彩和奇异的形态。它们有筑造坑形巢穴的习性，把卵产在巢穴内，由亲鱼保护卵子；也有的种类把卵含在口腔内孵化，幼鱼在遇到危险时也藏到亲鱼的口腔内。

美丽骨舌鱼

双须骨舌鱼

食人鲳

食人鲳即食人鱼，又称纳氏锯齿鲤，原产于巴西亚马孙河流域，体长 10～20 厘米。其下颌突出且比上颌长，上、下颌均有一排锐利如剃刀的三角形强牙，咬合时相互镶嵌呈锯齿状。它们喜欢成群活动，性情残暴，嗅觉灵敏。因有锋利的牙齿、坚硬的颌骨和强有力的下颌，食人鲳咬合力很大，可以咬破牛皮或将 20 毫米厚的木板咬穿，还能把直径 1 毫米的钢制小鱼钩咬断。食人鲳以行为凶残而闻名于世。

灰吻鲈

灰吻鲈又称接吻鱼，原产于印度尼西亚、马来西亚。它们的身体呈粉红色，游动时闪着银光，因两鱼有口部对接的习性而得名。

美丽骨舌鱼和双须骨舌鱼

美丽骨舌鱼又称金龙鱼，原产于加里曼丹岛。它们体色金黄，体长 1 米左右，十分名贵。双须骨舌鱼又称银龙鱼，原产于南美亚马孙河，它们的身体呈银白色，清淡高雅，也很名贵。

虹鳉

虹鳉又称孔雀鱼，因雄鱼有着像孔雀尾巴一样色彩绚丽、宽大飘逸的尾鳍而得名。

脂鲤

脂鲤原产于南美，体色多彩、艳丽如霓。虹脂鲤又称红莲灯鱼，原产于亚马孙河流域，体侧有一条青蓝色纵纹，纵纹下方有一个很宽的红色斑块，十分醒目。

海水热带鱼

海水热带鱼是指生活在珊瑚礁区的小型鱼类，分布于大西洋、印度洋和太平洋。它们的体色极为艳丽，比淡水热带鱼更具观赏价值。海水热带鱼需要在海水中生活，饲养条件要求高，因此不像淡水热带鱼那样普及。

彩带刺尾鱼

彩带刺尾鱼身体呈淡黄色，自眼部向外"放射"出多条蓝灰色带纹。

黄尾副刺尾鱼

黄尾副刺尾鱼俗名蓝倒吊。它们体侧扁，口小，鱼体呈鲜艳的宝蓝色，并有明显的调色盘状黑带。危险来袭时，它们会躲进珊瑚丛中；一旦被掠食者发现，它们会倒在一边装死，从而躲避厄运。

鞭蝴蝶鱼

鞭蝴蝶鱼体长 20 厘米左右，背鳍第四鳍呈丝状延长，身体的后上部有一块卵形的蓝黑色大斑。其体侧有 6～7 条蓝色纵带。

主刺盖鱼

主刺盖鱼又叫皇帝神仙鱼，体表布满黄蓝相间的纵纹，尾鳍呈黄色，具有黑眼带，在胸鳍处有块大横斑。遇威胁时成鱼会发出"咯咯"声吓退来犯者。

海龙

海龙体长 20～40 厘米，因为头尾像龙而得名。海龙身体细长，全身包裹在真皮性骨环中，具有棱角。海龙鱼类游泳姿势比较特殊，有时竖起身子，有时水平横卧，偶尔也会做各种姿态的蠕动和扭曲动作。它们主要以小型甲壳类动物为食，摄食方法也很特别，它们会用膨胀的颊部把食物迅速吸进口中。海龙交配时，雌鱼把卵产在雄鱼的育儿囊内，孵化、护卵、护幼都由雄鱼承担。

钻嘴鱼

钻嘴鱼吻部细长，能用来捕食岩石缝及洞里的食物。它们白色的身体带有橘黄色垂直条纹，背鳍上有一眼点，用以迷惑敌人。

小丑鱼

三带双锯鱼俗名小丑鱼，体表呈鲜艳的橘黄色，有3条白色宽带环绕。小丑鱼喜欢与大型海葵共生，在海葵的触手之间游进游出。

花豹石斑鱼

镰鱼

镰鱼是一种十分美丽的热带礁盘鱼。它们的长相非常独特，身体单薄，嘴巴突出，背鳍前部特别延长呈丝状。体色黄白相间，3道纵向黑色条纹形成醒目的图案。

海马

头像马，尾巴像猴，眼睛像变色龙，身体像有棱有角的木雕，这就是海马的外形。从长相看，海马和鱼无缘。但海马和其同类海龙，都是珊瑚礁鱼类。海马的繁殖方式非常奇特，每一条雄性海马身上都有一个由皮肤褶层构成的腹袋，雌性海马将卵产在雄性海马的腹袋内，这些卵就在海马爸爸的腹袋里孵化成小海马。

有毒的鱼

　　大部分鱼类性情温驯，但有些种类的鱼却会
对人造成伤害，如噬人鲨、大青鲨、双髻鲨等
凶猛危险的鱼类常主动攻击、撕咬潜水者，
造成人身伤亡。此外，一些鱼还有毒素，
能致人中毒。

　　河鲀在遇到危险
时，能使腹部膨胀，让
整个身体呈球状，同时
竖起皮肤上的小刺，借
以自卫。

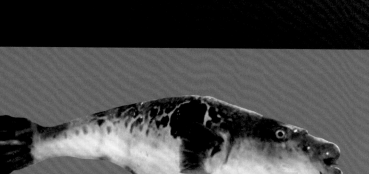

东方鲀

　　东方鲀是鲀形目鲀科东方鲀属种类的统
称，约有 19 种，又称河鲀。它们主要分布于中国、
日本及朝鲜等地。它们有圆滚滚的躯体，头宽
而圆，身上长满小刺或光滑无刺。其体长一般
为 10 ～ 30 厘米，大的可达 60 厘米以上。

网纹叉鼻鲀

纹腹叉鼻鲀

密斑刺鲀

鲀

　　全世界有 300 多种鲀，中国有 100 多种。鲀多为海洋鱼类，只有少数生活在淡水中，或在一定季节进入江河。它们主要分布于太平洋、印度洋和大西洋热带与亚热带的暖水水域，少数生活在温带或寒温带。鲀多数为近海底层鱼类，少数为中上层鱼类。它们多以甲壳类、贝类、幼鱼等为食，其中鲀科、刺鲀科等的牙齿愈合成牙板，能咬碎坚硬的食物。其食道构造特殊，向前腹侧及后腹侧扩大成气囊，遇敌时会吞空气或水，使胸腹部膨大成球状，漂浮在水面上。鲀的不少种类为有毒鱼类，其内脏含有一种天然毒素，称为河鲀毒素，以卵巢和肝脏所含毒素最强，人畜误食后会引起中毒甚至死亡，其中尤以东方鲀毒性最甚。

花斑拟鳞刺鲀

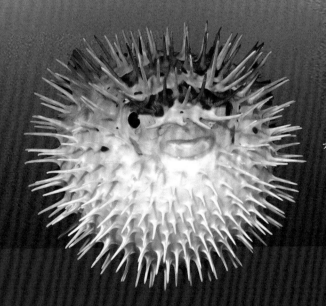

六斑刺鲀

蒙面狗

鲀的繁殖

　　多数鲀类在春夏季向近海移动在沿岸海区产卵，少数种类进入淡水江河繁殖，怀卵量 10 余万至数十万粒。翻车鲀怀卵多达 3 亿粒，为鱼类中怀卵量最高者。

鲉

鲉生活在海底岩石间或珊瑚礁区，大部分体色与周围岩石、海草相似，行动缓慢。许多鲉类的头部和背鳍棘上有毒腺，人被刺伤后毒液流入伤口，轻者会引起伤口肿痛，重则可能致命。

蓑鲉

蓑鲉又叫狮子鱼、火鱼等，它们的典型特征就是具有大扇子一样的胸鳍。蓑鲉背鳍上的棘毒性很大，遇敌时它们会侧身以背鳍棘向对方冲刺，刺伤对方。

蟾鱼

蟾鱼体长一般为 20 ～ 40 厘米。产于东太平洋及西大西洋的凶蟾鱼、毒蟾鱼长着空心背鳍棘和鳃盖棘，有毒腺，为有名的刺毒鱼类。其毒器主要是一个位于张开的鳃盖上的空心强棘和一个竖起的空心背鳍棘，棘尖均具有管槽状毒腺沟，毒腺位于其内。因为管槽的口径较小，毒液通过管槽时受阻，会被迫自管孔喷射而出。蟾鱼类毒腺分泌水溶性的毒液。人被刺后受伤部位肿胀、麻木，随后肿胀范围迅速扩大，剧烈疼痛蔓延至整个上肢。患处局部出现紫绀，重者有时并发恶心、呕吐、下痢、出冷汗、呼吸促迫、休克和继发性感染等症状。

毒鲉

毒鲉又叫石头鱼，身体扁平，无鳞，皮粗厚，身上有许多大小形状不一的皮质突起。它们平时躲在海底或者岩礁下，伪装成石头的样子。它们有 12 ～ 14 根背鳍棘，其基部的毒腺能分泌致命的神经毒素。

斑点红鲉

斑点红鲉无鳞，胸鳍内面有 20 ～ 30 个大小不一的淡色斑点，背鳍硬棘有毒。它们平时躲在海底或者岩礁下。

深海鱼

深海鱼是指生活在大洋深处（通常在海平面以下600～2700米）的硬骨鱼。为适应食物少且黑暗的环境，许多深海鱼口部相对阔大，骨骼肌肉稀少，身体某一部分或某几部分有发光器。发光器既用于诱捕猎物，也用于引诱配偶。深海鱼能耐受高压，一般代谢和生长都很慢。

双角鮟鱇鱼

毛状琵琶鱼

鮟鱇

鮟鱇俗称结巴鱼、琵琶鱼等，是约12种垂钓鱼的统称。它们生活在暖水及温带海洋。它们体软皮松，头宽扁，体细长，尾端渐细，最大的体长约1.8米，重达30多千克。它们的口极大，牙大而尖锐。头顶部有3个互相分离的背鳍棘，排成一行，第一棘形成"钩竿"，顶端长有肉质"钓饵"，这是所有垂钓鱼特有的"装备"。鮟鱇一般底栖，静伏在海底或缓慢活动，以"钓饵"引诱猎物，待猎物接近时，便突然猛咬进行捕捉。鮟鱇主要以鱼类为食，也吃各种无脊椎动物。

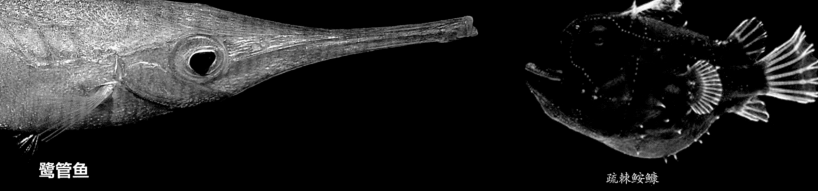

疏棘鮟鱇

鹭管鱼

　　鹭管鱼生活在暖水及温带地区，形小，体长，最大身长 25 ～ 30 厘米。它们的体色通常为银白、粉红或红色，吻呈长管状，背部生有甲片形成的不完整护甲，背鳍有数根鳍棘，其中之一通常很长，此棘与尾部恰似风箱的两个把手，因此它们又被称为风箱鱼。

囊咽鱼

　　囊咽鱼是 9 种深海鱼的统称。它们分布于 2700 米深或更深的海区。囊咽鱼身体很软，从头部向后逐渐变细，尾很长。它们的胃可以膨胀，能容纳硕大的猎物。囊咽鱼一般为全黑色，一些种类有发光器。有些身长可达 1.8 米。其中宽咽鱼的嘴异常巨大，占据身体的很大比例。

宽咽鱼

深海鱼的抗压奥秘

　　水深每增加 10 米，约增加 1 个大气压，如在 1 万米的海底深渊，压力则约为 1000 个大气压。在深海环境的巨大水压下，深海鱼的生理机能已经发生了很大变化：它们的骨骼变得非常薄且容易弯曲，肌肉组织变得特别柔韧，纤维组织变得出奇的细密。更有趣的是，它们的鱼皮组织变成非常薄的一层膜，能使鱼体内的生理组织充满水分，保持体内外压力的平衡。因此，虽然深海的水压巨大，深海鱼却不会被压扁。正因为深海鱼身体的内压和外部水压保持着平衡，所以深海鱼的内压是很大的。一旦被捕捞，在上升到海面的过程中，随着外压的逐步降低，深海鱼的血管和细胞都会破裂，导致其死亡。可以说，还没等接触到空气来到水面上，深海鱼就已经死亡了。

雪茄达摩鲨

CHAPTER 5

两栖动物

两栖动物是既能在水中生活，又能到陆地上活动的脊椎动物。两栖动物既继承了鱼类适应水生的性状（如卵、幼体的形态，产卵方式等），又有新生的适应陆栖的性状（如具有感受器、五趾型附肢和呼吸、循环系统等）。

两栖动物的特征

　　两栖动物在进化上介于鱼类和爬行类之间，是最早离开水环境到陆地生活的脊椎动物，是所有爬行类、鸟类和哺乳类的祖先。两栖动物的显著特征是具有五趾型附肢，有四条腿，脚上长有脚趾，能支撑体重及推动身体爬行。但其四肢不能将躯体抬离地面，运动能力不强。两栖动物的颈部非常短，只能上下点头，不能转动脖子。它们不仅有上、下眼皮，还有一层半透明的第三眼睑，叫瞬膜。瞬膜合上时，可以湿润和保护眼睛。

叶蛙

山地蟾蜍是世界上最小的蟾蜍，体长只有 8～18 毫米，栖息在巴西热带山地雨林区。

分布

　　除南极洲和某些海岛外，两栖动物遍布全球，在热带、亚热带湿热地区种类最多，从热带、亚热带到南北温带种类递减。全球有 5000 多种两栖动物，中国现有 320 多种，主要分布在秦岭以南。

蚓螈

蝾螈

树蛙

现存两栖动物的类别

无足类 （蚓螈目）	蠕虫状	看似蠕虫和蛇的杂交动物，事实上是没有腿的两栖动物。祖先生活在恐龙出现以前的时期。
有尾类 （蝾螈目）	鱼形	身体为圆筒形，有弱小四肢，终生具有长而侧扁的尾。多为水栖。在侏罗纪中期演变为两栖类中的一类。
无尾类 （蛙形目）	蛙形	成体体形宽而短，头部呈三角形，颈不明显，四肢发达，无尾，是两栖动物中最高等的类群。

黏湿的皮肤

两栖动物身体表面没有鳞片，皮肤是裸露的。皮肤通透性强，上面有许多腺体分泌黏液，所以总是黏糊糊的。这是因为两栖动物在水中生活期间用鳃呼吸，上陆后改用肺呼吸，但肺的功能很简单，常需要湿润的皮肤辅助呼吸，起到调控水分、交换气体的作用。个别在山间溪流中生活的蝾螈没有肺，完全靠皮肤呼吸。两栖动物的皮肤初步角质化，但皮肤角质化程度低，仅是表层1～2层细胞轻微角质化，也不能完全防止水分蒸发，所以两栖动物还不能离开潮湿的环境。

蛙的皮肤薄，经常保持湿润，其血液供应与肺相同，都来自肺皮动脉干，皮肤内有丰富的毛细血管。这种皮肤平时作为呼吸的辅助器官，当蛙在湿泥中过冬时，皮肤即成为呼吸的主要器官。

蝾螈

毒腺

两栖动物皮肤上常见黏液腺及毒腺。多在陆地生活的两栖动物（如蟾蜍）黏液腺较少，在水中生活的种类（如爪蟾）黏液腺较多。毒腺数量少于黏液腺，多分布在背部，起保护作用。蟾蜍的毒腺能分泌有毒的乳白色液体（又称蟾酥，可入药）。蟾蜍两眼的后面形成2个大的毒腺，其分泌物刺激性很强。

蟾蜍

变温动物

依赖于吸收周围环境的热量进行体温调节，缺乏完善的代谢产热调节机制，体温接近于环境温度的动物，被称为变温动物或外温动物。变温动物包括爬行类、两栖类、鱼类、原索动物和无脊椎动物。

美西钝口螈，
俗称六角恐龙。

两栖动物的个体发育

两栖动物的个体发育要经历一个变态过程，即幼体以鳃呼吸，在水中生活，然后通过变态转变为以肺呼吸、在陆地上生活的成体。其变态既是一种新生适应，又是动物的主要器官系统为适应水陆两栖生活而发生的改变。

受精卵　　　蝌蚪　　　幼蛙　　　成蛙

青蛙的变态发育过程

雌蛙将卵产在水中，雄蛙随即排出精液，完成体外受精过程。经过1周或数周，受精卵的外层破裂，从里面出来一个长有尾巴和外鳃的小蝌蚪。再过些时候，蝌蚪外鳃消失，形成内鳃。大约再过40天，蝌蚪又进一步发生变化，先长出后肢，然后又长出前肢，尾部逐渐消失，最后变成成年蛙。整个过程大约要用几个月或1年的时间。

青蛙正在交配。

受精卵和蝌蚪

离不开水

两栖动物不能在陆地上繁殖，必须回到水中生殖。它们在水中产卵，卵子在水中受精，幼体在水中发育和生活。有些两栖动物长大后能到陆地上活动，如青蛙和蟾蜍；有些则一直在水中生活，如大鲵。

生活习性

虽然有少数两栖类动物终生生活在水中，但大部分两栖类一生有一部分时间要生活在陆地上。按生活习性，两栖类动物可分为水栖、陆栖、树栖和穴居等类型。其成体在白昼多隐蔽在阴暗而潮湿的环境中，夜晚活动频繁，以多种昆虫和其他小动物为食。幼体则不同，如蝌蚪以浮游生物、植物性食物为主要食物。在自然环境中，鱼、蛇、鸟、兽等动物都可能成为它们的天敌。现存两栖动物的寿命一般为 10 ～ 20 年，长者可达 55 年。

两栖动物的冬眠

在气候渐渐变冷、食物缺乏的时候，为了减少机体的新陈代谢，使其维持在一个比较低的基础代谢消耗范围内，两栖动物就进入冬眠状态。从夏季开始，它们就积极为冬眠做准备，在自己的身体内部储存大量的营养物质。冬眠期间，它们待在窝里不吃也不动，或者很少活动，呼吸次数减少，体温下降，血液循环减慢，新陈代谢非常微弱，所消耗的营养物质大大减少，体内已储藏的营养物质足够消耗，因此整个冬天不吃东西它们也不会饿死。

冬眠的青蛙

蝾螈和大鲵

　　蝾螈分布于中国和日本，中国已知有 4 种和 1 个亚种。它们身长 8 厘米左右，小的约 6 厘米，大的 11 厘米左右，一般雌性大于雄性。其体色变异较大，多为蓝绿色、黑色、黄褐色和黑褐色等。蝾螈头部扁平，吻端钝圆，躯干浑圆，皮肤光滑或较粗糙，背面有细小疣粒，一般在背中线有一纵行棱嵴，有颈部，四肢细长，尾巴较短。蝾螈白天喜欢在水底生活，爬行缓慢，很少游动，夜间活动频繁，以蚯蚓、软体动物、昆虫等小动物为食。每年 10 月至次年 3 月，它们多在水域附近的土隙或石下冬眠。同属于两栖动物的大鲵因为外形和蝾螈近似而常被误认为蝾螈，其实它们不能混为一谈。

大鲵每隔 6 ~ 30 分钟，把头伸出水面呼吸一次，皮肤也是帮助其呼吸的重要器官。

蝾螈的再生能力

蝾螈断肢处残留的细胞具有"记忆原有肢体"的功能，它们可以不断分化出新的细胞，形成新的肢体。因此，蝾螈能够再生失去的肢体、受伤的肺部或者部分脊髓，甚至能使小部分被削去的大脑再生。

大鲵的食物有蟹、蛙、鱼、虾以及水生昆虫等。它们常守候在滩口乱石间，发现猎物时，就突然张口捕食。

大鲵 = 娃娃鱼

大鲵属于低等两栖动物。它们的叫声有点像婴儿的啼哭，所以人们把它们称作娃娃鱼。大鲵喜欢吃蟹、螺和鱼类等水栖生物。由于长期被大量捕捉，大鲵的数量显著减少，现在它们已被列为中国珍稀保护动物，属濒危动物中的极危动物。

低等两栖动物

大鲵的祖先生活在约 3 亿年前，因此它们也有"活化石"之称。大鲵身长 60～100 厘米，眼睛很小，没有眼皮，不会眨眼睛。每到夏季，它们便在水底的石洞间产下上千枚卵，圆形卵被包在长长的卵胶带内，一串串地呈链珠状。大约经过 30～50 天，这些卵就被孵化成小大鲵了。

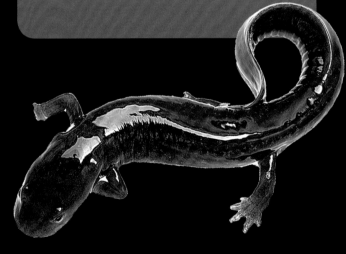

大鲵的生活环境

大鲵主要分布在中国的华北、华中及西南地区，栖息在海拔约 1200 米以下的山涧溪流中。它们多单独生活，特别喜欢清凉的深潭，白天常隐匿在深潭内的岩洞、石穴中，夜里出来活动。

蛙

蛙属于两栖动物，既能在水中生活，也能在陆地上生活。蛙与其近亲蟾蜍，早在约 2 亿年前就在地球上出现了。在地球的陆地上，几乎到处都可以找到蛙和它们的同类。

蛙捕食

蛙是食肉动物，它们只吃脊椎类或无脊椎类的小动物。蛙的舌头前端分叉，分泌有黏液。当猎物出现时，它们张开大嘴，迅速将舌头翻射出口外，粘住小虫，然后用舌尖把猎物向后卷起，送入口中。由于蛙的眼睛只对那些活动的物体敏感，因此蛙只捕食那些活动的虫子。有人做过试验，把蛙关起来，面前放一堆死苍蝇，它看也不看，结果竟活活把自己饿死了。

保护色

常见的蛙腹部呈白色，背部一般为褐色或绿色，上面有很多黑色的斑纹。这种体色和水边草丛颜色相似，使蛙便于自我保护。蛙的皮肤常随温度、湿度的变化而发生颜色深浅的改变。有经验的农民能根据这种变化来预测天气。

蛙的舌头较长，上面有一层分泌物。

肝　脾　肺　内耳　脑　外耳　胃　心脏

有毒的蛙

在中南美洲，有一类小型蛙——箭毒蛙，身长只有 1～5 厘米，身上长着鲜艳的花纹，非常漂亮。箭毒蛙漂亮的皮肤能分泌出含有剧毒的毒液，使它们的敌人不敢接近。箭毒蛙的毒性很大，一只箭毒蛙皮肤腺中流出的毒液，可毒死几十个人。

奇特的孵卵方式

蛙产卵时，大多数将卵粘在靠近水的树叶上或石块上，蝌蚪一出来，直接掉落水中。有的蛙将卵放进自己制造的泡沫里，使卵得到保护。也有的蛙是卵胎生，幼蛙在母体中发育成形后，再降生出来。澳大利亚还有一种蛙，将卵吞入胃中孵化，在繁殖期里不再进食，直到小蛙从母体口中跳出为止。

卵胎生的蛙从母体中出来时，就是一个成形蛙。

从胃中孵化出来的小蛙

自然界中还有一些种类的蛙，它们产的卵可以直接孵出小蛙，而不必经过蝌蚪阶段。

蛙的鸣叫

夏天的雨后，在池塘边、草丛中，处处可以听到群蛙齐鸣的声音。蛙的口腔很大，雄蛙口角旁生有1对或1个气囊，鸣叫时，气囊胀起，像皮球。蛙的气囊如同音箱一样，有增大声响的作用，所以雄蛙的叫声格外响亮。有的蛙如雨蛙，气囊长在喉部，鸣叫时喉部胀得很大。蛙进入繁殖季节便群居在一起，雄蛙放开喉咙高声"歌唱"，以吸引雌蛙。

造型完美的后腿

蛙在水中游动，在陆地上蹦跳，都依靠它们的一对造型十分完美的后腿。蛙的后腿平常是折叠的，在水中游动时，能有力地蹬水，产生推力，使身体向前行进。在陆地上跳跃时，蛙的两条腿也像弹簧般有力。人类的蛙泳，就是从蛙那里学来的。人类跳高和跳远，都是受了青蛙弹跳动作的启发。

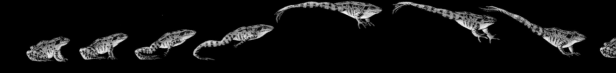

蟾蜍

蟾蜍共有 250 多种，它们在全世界分布极为广泛。蟾蜍是蛙的近亲，皮肤上有许多疙瘩，长得非常难看，又叫"癞蛤蟆"。其身体背面颜色差异很大，一般为黄褐、绿褐、暗褐、棕褐或红褐色。蟾蜍行动比较笨拙，不会跳跃，只能爬行。它们白天常隐蔽在荒野或田边的草丛中、土穴内、石块下，黄昏时外出活动和觅食。在陆地活动期间，蟾蜍的皮肤表层高度角质化，以防止水分过度蒸发。蟾蜍皮肤上分布着皮肤腺，头部的耳后腺还能分泌出毒液，一旦遇到敌人袭击，它们就从耳后腺中射出白色的毒液进行自卫。

绿蟾蜍背上斑点的颜色会随温度和光线的不同而改变，从绿色到深棕色，有些甚至能变为红色。

蟾蜍与蛙的区别：

- 蛙体表光滑，蟾蜍体表粗糙。
- 蟾蜍体形比蛙类胖，腿比蛙类短。
- 蛙的舌尖是分叉的，蟾蜍的舌尖是不分叉的。
- 移动时蛙以跳跃为主，而蟾蜍以爬行为主。
- 雄蛙口角的后面有一对声囊，可以鸣叫，雌蛙没有声囊，而蟾蜍无论雌雄都没有声囊。

角花蟾俗称角蛙，体色艳丽，常被当成宠物饲养。成体身长通常可达 20 厘米左右，粗壮凶猛，敢攻击比自己大很多倍的动物。它们产于南美洲，以蛙为食，所以不适合将其与其他蛙类或大小差异太大的同类混养。

不要小看"癞蛤蟆"

癞蛤蟆相貌丑陋，被人们看不起，不少人认为它们是"低能儿"。但在消灭农作物害虫方面，它们要胜过漂亮的青蛙。癞蛤蟆一夜吃掉的害虫要比青蛙多好几倍。

中华大蟾蜍身体肥胖，四肢短，体长达 10 厘米以上；背部皮肤厚而干燥，通常有疣，呈黑绿色，常有褐色花斑。它们白天多栖息于泥穴或石下、草丛内，夜晚出来捕食昆虫。成体冬天多在水底泥内冬眠。

雌性负子蟾在产卵期间，背部皮肤膨胀成海绵状，形成许多小窝。卵在皮肤窝中发育，长成幼体后才离开雌蟾。

苏罗兰紫蟾蜍体长4厘米左右，属于花背蟾蜍，只在美国亚利桑那州南部的苏罗兰地区有分布，数量很少，是濒危动物。

蟾蜍常有迁徙行为，如美国的大平原蟾蜍曾结成数量达百万只的迁徙群向北迁徙，时间持续35～40天。

产婆蟾

欧洲产婆蟾又叫助产蟾，体形小而肥，行动迟缓，长约5厘米，体色深灰。生殖期间，雌蟾产卵两串，大约五六十枚，受精后由雄蟾将念珠状卵带缠绕于后肢上，然后返回地洞。带卵雄蟾夜出寻食，约3周后进入水中。幼体破卵而出，雄蟾随即离去。幼体在水中发育，最后长大为成体。

冬眠和夏眠

北方的蟾蜍多在每年10～11月开始潜伏在水底泥内或岸边潮湿的沙土内冬眠。在此期间，其体表皮角质化不明显，皮肤无蜕皮现象，能防止水分渗入体内，也有利于代替肺来呼吸。南方的蟾蜍因气温较高，可不冬眠，或者冬眠期很短。夏季因气温过高，它们常会夏眠。

CHAPTER 6

爬行动物

爬行动物因为常用腹部贴着地面爬行而得名。爬行动物的身体表面一般都长着鳞片（如蛇、蜥蜴）或骨板（如龟、鳖），没有毛发和羽毛，用肺呼吸，是混合型血液循环的变温脊椎动物。

绿鬣蜥

爬行动物的特征

爬行动物是第一批摆脱对水的依赖而真正征服陆地的变温脊椎动物，可以适应各种不同的陆地生活环境。它们最早出现在约2.8亿年前，也是统治陆地时间最长的动物，在中生代获得很大的发展。现存的爬行动物近6000种，中国约有2600种。爬行动物分布在除了极寒区域外的世界各地，中国南方温热潮湿地带也比较常见。

鳞甲

爬行动物最鲜明的特征就是体表覆盖着干燥的角质鳞片，还有些长有甲壳和骨板，这可以防止体内水分蒸发。爬行动物用肺呼吸，呼吸能力比两栖动物明显增强，不需要皮肤辅助。

蜥蜴蜕皮。

终生生长与蜕皮

爬行动物终生都在生长，其生命的前期生长速度较快，后期缓慢。因为它们身体表面覆盖着坚硬的角质鳞片，这些鳞片不能随身体的长大而长大，所以也需要像节肢动物那样蜕掉旧皮。蛇在蜕皮时，必须经过摩擦身体的过程，它们要靠砖石、瓦砾、树枝等物体的帮助，才能脱去那陈旧的"外衣"。

蛇皮

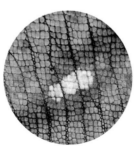

变色龙皮

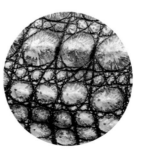

鳄鱼皮

变温

爬行动物没有体温调节机制，所以体温不恒定，会随着环境温度的变化而变化。体温低于环境温度时，它们便减少活动。

蛇、蜥蜴等爬行动物的视力不好，主要靠舌头来获得信息。蛇快速伸出舌头，舌头沾了空气中细微的气味粒子后再缩回，插入位于口腔壁上的小洞中，这里是蛇的"气味分析室"，气味粒子经过这里的分析，再把信息传给大脑。

用舌头舔眼睛

有些爬行动物没有眼睑，所以必须用舌头来清除眼睛里的残留物，并保持眼球湿润。如壁虎能伸出长长的舌头，触及眼球上的所有范围，迅速地舔掉眼睛和鼻子上的水滴。

变色龙拥有360度视野，左、右眼可以分别单独活动，独自对焦，能够同时对两个不同的物体进行观察。

透明膜

透明膜是蛇类拥有的眼镜状的眼睛覆盖物，由改良并融合了的眼睑形成。当蛇准备蜕皮时，透明膜会变成蓝色且不透明。但在蜕皮过程中，旧皮与新皮之间会出现一个半透明的"裂"。随着"裂"的出现，透明膜又重新变得清澈。

杰克森变色龙

卵生与卵胎生

爬行动物的生殖方式有卵生和卵胎生两种。卵生是指动物把受精卵排出体外，新个体在母体之外独立发育的生殖方式；卵胎生是指动物的独立受精卵在母体内发育成新的个体后才产出母体的生殖方式。爬行动物大多属于卵生动物。

小鳄从蛋中孵出。

龟鳖类及鳄类会筑巢产卵，而蜥蜴及蛇往往将卵产在隐蔽处。孵化期的长短取决于不同的环境。有些蛇和蜥蜴为卵胎生，卵留在母体输卵管内发育成幼体方产出。

海龟产卵。

羊膜动物

爬行类、鸟类和哺乳类总称为羊膜动物，是因为它们在胚胎发育过程中，幼体外包有羊膜，里面充满羊水。这样它们就不需要像大多数两栖动物那样经过一个幼体在水里生活的时期，彻底摆脱了个体发育初期对水的依赖。这是它们进化过程中的一个重大突破，其生活范围也更加广阔。

长短不一的爬行动物

现代爬行类除蛇外，体长都小于古爬行类。蛇类中最大的如南美的水蟒，长达 10 米以上；最小的如某些盲蛇，体长不足 10 厘米。

4 种现存鳄类体长超过 6 米，湾鳄和恒河鳄可达 9 米左右。

最小的爬行动物是壁虎，有的体长仅 3 厘米左右。

小海龟破壳而出。

龟鳖类

　　龟和鳖都是古老的爬行动物，身上长有背甲和腹甲，能保护它们免受猎食动物和粗糙地面的伤害。它们的身体分为头、颈、躯干、尾和四肢这几个部分，受到惊吓时大多数种类的颈、四肢和尾部都可以在一定程度上缩进甲壳内。它们的四肢粗短强壮，适合在陆地上爬行，上面都有蹼，适合在水中游泳；趾尖长有利爪，主要用于挖洞来冬眠。

海龟生活在海洋的温热带海域，以小鱼、小虾和海藻为食，是游得最快的爬行动物。

把卵埋起来

　　龟一般把卵产在陆地上潮湿的泥土或沙土里。大部分淡水龟一次产卵不超过20枚，有的海龟一次可产卵80多枚。这些卵要孵化三四个月。有时候如果覆盖巢穴的泥土太干、太硬，小龟在孵出来后就不能马上离开它们的巢穴，只有等雨水把土壤变松后才能出来。

长寿的龟

龟的寿命可达 150 年以上，其长寿的奥妙在于龟的颈。龟伸颈可以吞气，可以延生；缩颈于壳，可以避险。乌龟缩在坚硬的甲壳里不吃不喝不动，因而体能消耗极少，靠调气也可以生存。加拉帕戈斯陆龟能活二三百年，一种生活在赤道地区岛屿上的象龟可以活三四百年。

陆龟

陆龟生活在陆地上，脚非常强壮，没有蹼，但有坚硬的爪。在南美洲的加拉帕戈斯群岛上，生活着陆地上最大的龟——象龟，体长可达 1 米多。环境恶劣、食物缺乏时，陆龟也能生存。但由于人类的捕杀，它们的数量越来越少了。

玳瑁

玳瑁是生活在海洋中的龟类，是海洋中较大而凶猛的肉食性动物，活动能力较强，游泳速度较快，经常出没于珊瑚礁中，捕食鱼类、虾、蟹和软体动物，最主要的食物是海绵。捕捉食物时它们会有咬人的举动；不过，如果没有受到伤害，它们不会主动攻击人类。

平胸龟

平胸龟又名鹰嘴龟、大头龟，体形中等，后肢长，四肢均不能缩入甲内；除外侧的指、趾外，均有锐利的长爪。它们生活在多石的浅山溪中，喜欢在石上晒太阳，也能登陆爬行较长距离，依靠曲喙、长爪和粗糙的尾能越过障碍，甚至上树。

棱皮龟

生活在海洋中的棱皮龟是最大的海洋龟类，体长可超过 2 米，一般重 300 千克左右，最重可达 800 千克左右。它们头大，颈短，上腭前端有两个三角形大齿突。棱皮龟的背甲不是整块的，而是由许多细小的多角形骨片排列成行，紧贴在表皮上，其中最大的骨片排列成 7 纵行，突出成 7 条纵棱，纵棱向后延伸并集中，末端呈尖形。其腹部也有类似的纵棱 5 行。棱皮龟的四肢呈桨状，无爪，前肢特别发达，长为后肢的两倍左右。

长颈龟

长颈龟是现存最古老的爬行动物之一，有长长的颈，远看很像古代的蛇颈龙，体形较小，一般甲长 15 ～ 25 厘米。

鳖

鳖又叫甲鱼、团鱼、水鱼，生活在淡水中，游泳速度很快。它们的脖子很长，头和脖子能完全缩进甲壳中。鳖很凶猛，当别的动物靠近它们时，它们会主动进攻。

龟和鳖的区别

龟	鳖
龟头比较圆。	鳖头比较尖。
龟甲似椭圆形盒子。	鳖甲呈卵形。
龟背上分块，有花纹。	鳖背黑，无花纹。
龟甲表面光滑、坚硬。	鳖甲表面覆有厚皮。
龟背腹甲直接连在一起。	鳖背腹甲由韧带相连。

所有的蛇睡着后都会以头为圆心，把身体蜷曲起来，团成几圈。蛇没有眼睑，所以睡觉时也是睁着眼睛的。

蛇

蛇是变温爬行动物，其体温可随环境温度的变化在一定范围内变化。世界上已知蛇的种类约有 2500 种，中国约有 200 种。蛇的生活范围很广，树丛、洞穴、淡水和海水中均有它们的身影，在热带和亚热带分布较多。蛇全身布满鳞片，其皮肤没有呼吸功能，也没有皮腺，因此能防止体内水分的蒸发。蛇的视力很差，但是舌头很长，舌尖分叉，上面长着许多感觉小体，能灵敏地感觉气味和震动，并以此来分辨敌人和猎物。蛇头骨与下颌骨之间的骨骼可动，左右下颌骨之间也只靠韧带相连，所以蛇口可以张大到近180度，吞下比其头部大很多的猎物。

无毒蛇

毒蛇

毒蛇与无毒蛇的区别

大部分毒蛇头部呈三角形，无毒蛇头部大多呈椭圆形。但也有不少例外，如蟒蛇无毒，头为三角形；而海蛇有毒，头为圆形。

毒蛇斑纹明显，蛇身粗短，从肛门以后突然变得细而尖；无毒蛇斑纹不明显，蛇身细长，尾部长，从肛门以后逐渐尖细。

毒蛇长有一对长而弯曲的毒牙，咬人后除了留下两排均匀细小的牙痕外，一般还有两个大而深的毒牙牙孔，毒腺内的蛇毒通过毒牙注入人体；无毒蛇没有毒牙，咬人后在皮肤上留下均匀而细小的牙痕。

竹叶青

竹叶青是中国境内常见的毒蛇，有剧毒，多栖息在山林、菜地中，喜欢缠绕在树枝或竹枝上，不容易被人发现。它们常在早晨和晚间活动。

蟒蛇

蟒蛇是较原始的蛇类之一，无毒。不同的蟒蛇长度和色彩各不相同，短的约 1 米长，长的可达 10 米左右。它们的身体表面都有美丽的色彩和斑纹。蟒蛇有地栖、树栖和半水栖 3 种。蟒蛇在捕获猎物时，常用其粗壮有力的躯干将猎物缠死，然后吞下去。大蟒蛇能够吞下整只的鹿、小牛等动物，而且消化能力极强，连骨头都能消化掉。

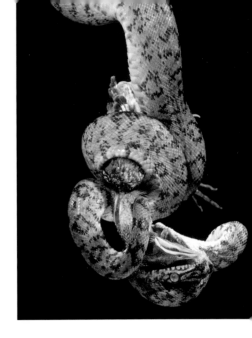

太攀蛇

太攀蛇堪称世界上最毒、攻击速度最快的蛇，分布在澳大利亚北部、新几内亚，栖息于林地、荒漠等地，以小型哺乳动物为食。它们的毒性比眼镜王蛇还要强 100 倍。

眼镜蛇

眼镜蛇是剧毒蛇，主要栖息在热带。它们常立起身体前半部来威胁敌人，如还不奏效就进行攻击。喷毒眼镜蛇遇到危险时，会身体上仰，张开嘴对准敌人的眼睛喷出毒液。

蛇没有脚怎么爬？

在粗糙的地面上，大多数蛇靠身体肌肉从前向后做波浪式运动，向前蠕动。

在较平滑的地面上，蛇可以像拉手风琴那样，先把身体弯曲成几截，然后用尾巴紧紧顶住地面，头部猛地向前移动。

有些蛇可以直线爬行，靠肌肉控制鳞片，进行坦克履带式前移。

生活在沙漠地带的蛇，如响尾蛇，靠连续的侧向盘绕动作在沙地上爬行。

波浪式

拉手风琴式

直线式

盘绕式

珊瑚蛇

珊瑚蛇属于眼镜蛇类的毒蛇，体形较小，毒性特别强。它们的外表鲜艳漂亮，头部小，常生活在腐烂土壤的表层。

蝮蛇

蝮蛇属于响尾蛇类，毒性很强，喜欢潮湿的环境。离中国大连市区不远的海域中，有一个蛇岛，上面生活的蛇全是蝮蛇。

绿鬣蜥

绿鬣蜥主要栖息于邻近溪流的森林树冠层，属于素食性树栖动物，是被广泛饲养的代表性宠物蜥蜴。其头、背部或尾上有棱脊，喉部皮肤有皱褶而且颜色鲜艳，喉部下垂。

蜥蜴

蜥蜴是爬行动物中种类最多的族群，全世界已知有 3700 多种。除南极洲外，各大陆都有不同类型的蜥蜴，热带地区的种类和数量最多。它们一般以昆虫、蠕虫、蜘蛛及软体动物为食，少数（如鬣鳞蜥）还兼食植物。 蜥蜴俗称"四足蛇"，其数量与蛇合计占整个现存爬行类动物的 95% 左右。蜥蜴与蛇有密切的亲缘关系，二者有许多相似的地方，比如视力一般都很差，周身都披着鳞片，皮肤没有呼吸功能，也没有皮腺，都是卵生或卵胎生，靠自然温度来孵化。蜥蜴的头部后面有颈，因此蜥蜴的头能灵活转动，以便在陆地上更好地寻找食物与发现敌害。

加拉帕戈斯海洋鬣蜥

加拉帕戈斯海洋鬣蜥是唯一一种生活在海洋里的蜥蜴。它们以海中的海藻为食，因此体内积聚了大量的盐分。所以，它们常常打喷嚏，把多余的盐分清出鼻子。

犰狳环尾蜥

犰狳环尾蜥栖息在平坦的砂岩地，头后部有6枚大而有明显鳞骨的鳞片并列，躯体及尾部同样有具明显鳞骨的鳞片，呈带状排列。它们以8～10只的数量群居。一旦遭遇危险，它们便迅速钻进岩石缝隙中躲起来；若不小心被捕，则将头尾卷曲成球状，以保护柔软的腹部。

蜥蜴与鱼类、两栖类一样，为冷血动物，体温由环境调节，但少数蜥蜴能将阳光的热量贮存于体内一段时间。

多数蜥蜴为卵生。成年的蜥蜴在地面上产几十枚卵，然后盖上土。幼蜥蜴孵化出来后，会用牙齿咬破卵壳，自己推开泥土出来。

飞蜥

飞蜥栖息于热带、亚热带海拔700～1500米的森林中，常在树上活动，很少下到地面。它们的体侧有由5～7对延长的肋骨支持的翼膜。在树上爬行觅食时，它们的翼膜像扇子一样折向体侧背方。翼膜还可以张开，帮助它们从高处向下滑翔。滑翔可改变方向，但不能使它们由低处飞向高处。

科摩多巨蜥

科摩多巨蜥是地球上最大的蜥蜴，因主要分布在印度尼西亚科摩多岛而得名。成年科摩多巨蜥身长可达3米以上，体重可达100千克左右。它们食量极大，可以一次吃掉分量相当于自身体重约80%的食物。它们捕食山羊、野鹿、猪、水牛和马，有时还吃人。其唾液含有致命的细菌，能使猎物的伤口很快感染，几天之内导致死亡。科摩多巨蜥还是天生的游泳健将，能进行长距离的水中跋涉。它们的寿命一般是50年左右。

蛇怪蜥蜴

蛇怪蜥蜴又叫耶稣基督蜥蜴。蛇怪蜥蜴脚趾细长，脚底覆盖有鳞片。这些都有利于产生气泡，蛇怪蜥蜴可以脚踏气泡在水面上奔跑。在水面上奔跑时，它们能以合适的角度摆动两条腿，产生很大的横向力，使身体保持上挺，向前冲。

变色龙

　　变色龙和蜥蜴是同类。它们的体色能随着光线和温度等环境的改变而发生变化，由此得名变色龙。一般在光线强的地方，它们的体色变得较深，光线暗的地方体色变得较浅。变色龙喜欢单独活动，为了适应树上的生活，它们的趾像钳子一样能牢牢抓住树干；它们的尾巴也能卷起来，以便帮助固定身体。变色龙的眼睛转动非常灵活，能同时看到几个方向，一旦看到猎物，变色龙就敏捷地伸出长舌头去捕捉。

神经控制皮肤变色。

变色龙捕食。

变色龙为何能变色？

　　变色龙的皮肤有3层色素细胞：最深的一层是由载黑素细胞构成的，其中细胞带有的黑色素可与上一层细胞相互交融；中间层是由鸟嘌呤细胞构成，主要调控暗蓝色素；最外层细胞则主要是黄色素和红色素。基于神经学调控机制，色素细胞在神经的刺激下会使色素在各层之间交融变换，实现变色龙体色的多种变化。

变色龙的皮肤颜色由于环境的变化，由浅绿色变为深绿色。

双嵴冠蜥

　　双嵴冠蜥的尾巴很长，可以在爬树或奔跑时帮助身体保持平衡。它们的脚趾也很长，可以用后肢站立并快速行走。

壁虎断尾

壁虎的脚趾

壁虎的脚趾

壁虎

　　夏天的傍晚，在草地或窗户上，常常能看到长着4条腿和长尾巴的小壁虎，在那里勤劳地捕捉蚊子。壁虎是蜥蜴的同类，它们的下眼皮长出一层透明的鳞片，盖在眼球表面，所以跟蛇一样，它们也不能闭眼睛。壁虎遇到危险时，常让尾巴断掉，以迷惑敌人。不过，它们的尾巴很快还会再生。

鳄

世界上现存的鳄总共不超过25种，大部分分布在热带、亚热带的海湾中，或江河、湖泊中。中国的扬子鳄和北美洲的密西西比鳄，是罕见地分布在较北地区的种类。由于鳄的外形有点像鱼，又生活在水里，人们常叫它们鳄鱼。鳄是现存最大的爬行动物。在遥远的中生代，它们曾经繁盛过。2亿多年来，鳄的形态、结构没有什么变化，因此鳄又有"活化石"之称。

鳄的生活习性

鳄身体粗壮，脚趾间有蹼，能适应水中的生活，只有晒太阳和产卵时才上岸。在水中时，它们的眼睛、鼻子突出水面，外形看起来像一根圆木，有一定的伪装性。在陆地上，鳄动作迟缓，但短距离内可跑得很快。鳄产卵时要爬到岸上来，在距水边4米左右的地方挖一个巢，一次能产下几十枚卵，然后靠自然的温度进行孵化。

鳄的眼睛

鳄的眼睛像猫一样，白天瞳孔变窄，晚上瞳孔变大，能反射淡红色的光。

鳄的牙齿

鳄所有的牙齿都是长长的，呈圆锥形，非常锐利。它们的牙齿经常更新，一般情况下，更新的牙齿只能维持2年左右。鳄还有十分有力的上、下颌。下颌可以上下活动，而上颌是固定不动的。捕获猎物时，鳄先用锥形的牙齿咬住猎物，然后将猎物拖入水中淹死，再吞食。

扬子鳄

扬子鳄为中国特有的鳄类，栖息在长江中下游地区，常在江湖、塘边掘穴而居，遇到什么动物就吃什么，鸡、鸭、鼠、蛙、鱼等，都可成为它们的食物。由于人类的大量捕杀，扬子鳄的数量已经不多了，现在它们已被列为国家一级保护动物。

宽吻鳄

宽吻鳄体形较小，只分布在中国和美国。中国的扬子鳄和北美的密西西比鳄都是宽吻鳄，它们的性情比较温和。雄性密西西比鳄在繁殖期内，肛门处还能分泌出麝香的气味。除扬子鳄和密西西比鳄外，其他的宽吻鳄又称短吻鳄。短吻鳄性情比较粗暴凶猛，在水中和陆地上行动都非常敏捷。特别是在繁殖期，如果受到骚扰，它们会发出惊叫声，能咬伤大型哺乳动物。

长吻鳄

长吻鳄长着细长的嘴巴，鼻头突起，它们的名字便由此而来。与其他鳄相比，长吻鳄在水中待的时间更长。它们比较胆小，感到危险时就潜入水中，水面上只露出鼻头。长吻鳄主要分布在亚洲南部地区，以鱼为食，很少伤害人类。

鳄的繁殖

雌鳄一般在七八月间产卵，一次可产卵20～80枚，产卵的地点多选择在岸边或岛上向阳的坡地处。它们先用后肢刨土和草，造出巢穴，然后将卵排入巢中，再用草盖上。产卵后，雌鳄就守护在旁边。如果有人或动物从旁边走过，它们就变得异常凶猛，奋力进行攻击。

雌鳄听到幼鳄的第一次叫声时，就用前肢挖开巢穴，用嘴将它叼到水中。在此后的几周里，小鳄将受到妈妈的精心照顾。

鳄卵在适合的温度下才能孵出小鳄来。外界温度常常影响卵内小生命的性别。高温条件下孵化出的小鳄多为雄性，温度低时则为雌性。孵化成熟的小鳄用尖尖的卵齿冲破卵壳爬出来，卵齿于数日后脱落。

CHAPTER 7

鸟类

鸟类是体表被覆羽毛、有翼、恒温、以产卵方式繁殖的高等脊椎动物。大部分鸟类都能飞行，新陈代谢旺盛，其呼吸器官除了肺以外还有辅助呼吸的气囊。

鸟类的特征

鸟类是一类体表被覆羽毛、有翅膀、卵生的恒温高等脊椎动物。鸟类最典型的特点是它们的身体结构非常适于飞行，它们身上的羽毛不仅让鸟类保持流线型，并且是其飞翔的重要结构。鸟类还具有发达的翅膀以及高度发达的神经系统和感官，有各种复杂本能行为和比较完善的繁殖方式，保证了后代有较高的存活率。脊椎动物中，鱼类的种类最多，鸟类则排在第二位。

裸颈鹳在树上用杂草、树枝筑巢。

气管

气囊延伸到肱骨内。

颈部气囊

胸部气囊

肺脏

腹部气囊

喙

鸟的肺脏和气囊组成了相联系的扩张系统。气囊里可以储存新鲜的空气，以适应高度代谢的需要。气囊还可以让鸟类在激烈运动后较快地平静下来。

鸟的新陈代谢快，消化能力强，因此食量很大。

指骨

鸟翼相当于人手。

鸟的体表长着羽毛，有两个强壮有力的翅膀。羽毛是鸟类所特有的。有些种类的鸟，翅膀已经退化，只起平衡作用。

羽轴

羽片

羽根

肺

气囊

肾

脚

嗉囊

心脏

肝

砂囊

肠

鸟骨的内部构造

鸟的骨骼很坚实，里面有蜂窝一样的空隙，空隙能贮存空气。这种骨骼结构能增大鸟的浮力。

鸟没有牙齿，吃进的食物在砂囊里被磨碎。砂囊也叫胗。

羽枝

羽小枝

羽枝

羽轴

羽小枝尖端处带有细钩，互相连接，组成扁平而有弹性的羽片。

羽毛的作用

不同大小和种类的鸟，身上所被覆的羽毛多少也不同，少的约有 1300 根，多的可超过 1 万根。通常鸟翅膀上的羽毛较少。鸟身上不同部位的羽毛长短、大小差别也很大。较长较粗的羽毛是用于飞翔的；较细软的绒毛状短羽毛，像人穿的衣服一样，是用来保暖的；盖满全身的一般性羽毛，则是用来防止水渗入的；尾部羽毛生长排列得像舵一样，对掌控飞行姿态有重要作用。鸟的羽毛还有不同的颜色，既有伪装保护作用，也有向同类鸟展示自己、吸引异性的特殊功能。

知道多一点

睡着了的鸟为什么不会从树上掉下来？

人类习惯于躺着睡觉，坐着睡觉很容易睡得东倒西歪。坐在树上睡觉，那可是件危险的事！可是，鸟为什么能在树枝上安然入睡而不会掉下来呢？鸟类学家研究发现，其中一个重要原因是，鸟类的后肢肌肉运动方式和人类的有很大的区别，比如，在进行"抓"这一动作时，人类是去主动地抓，鸟却是被动地抓。人需要使肌肉紧张起来才能完成抓的动作；而鸟恰恰相反，它们只有用力使肌肉紧张起来，才能松开所抓住的物体。也就是说，当鸟停在树枝上时，爪子的相关肌肉呈紧张状态；而当它们"坐"稳之后，肌肉松弛下来，爪子自然就抓住了树枝。

鸟巢

　　鸟类筑巢，不仅仅是为自己栖息，更重要的是在繁殖期间用来聚集产下的卵，使卵保温，以便于孵化，并保护卵和雏鸟不受天敌的伤害。大多数树栖鸟在树权间以枝条、草茎、羽毛等编成鸟巢；一些水禽常折下芦苇、蒲草等，在水面上编织成盘状的浮巢；一些猛禽则在树洞或岩缝中筑巢；还有些高等的鸣禽，它们能编织精美实用的鸟巢，这些鸟巢或挂在树枝上，或坐落在树权间。

家燕以湿泥、杂草为原料，在屋檐下筑成泥巢。

织巢鸟造巢。

雀类的喙呈圆锥形，便于咬裂种子的硬壳。

鹦鹉的喙短而尖，上喙钩曲。

鹈鹕的喙长直而侧扁，两侧有狭沟。

猛禽类的喙很强壮，上颌喙比下颌喙长，并向下弯曲成钩状。

形状多样的鸟喙

　　鸟嘴的学名叫喙。由于鸟的进食种类和进食方法不同，喙有多种形状，有的细长，有的粗壮。这些喙有的适于捉虫子，有的适于吃种子。

琵鹭的喙粗直而扁平，两侧无沟。

雁类的喙大而扁平，还有喙甲。

啄木鸟的喙像一个长镊子，便于在树上捉虫子。

鸥的喙粗而直，末端尖，有利于捕捉、撕碎鱼类食物。

鸟类的繁殖

鸟类是卵生动物，所有的鸟都是通过营巢产卵来繁殖的。雌鸟产下蛋，然后由雌鸟或雄鸟，抑或雌雄鸟轮流卧在蛋上，用体温孵蛋。在恒定的温度下，受精的卵发育成胚胎，胚胎经过一段时间的孵化，逐渐发育成小鸟，最后破壳而出。

紫翅椋鸟的孵卵期为12天。

大多数鸟是雌鸟孵蛋。雌鸟卧在蛋上，用自己的体温来孵化。不同种类的鸟孵化时间是不同的。有的鸟孵化时间较长，如信天翁一般要孵3个月左右；有的鸟孵化只用10天左右，如麻雀。

鸟类的飞行方式

鸟有滑翔、鼓翼、翱翔3种飞行方式。滑翔是鸟类最简单、最原始的飞翔方式。滑翔时，鸟的翅膀不动，靠已有的飞行速度和翅膀受到的浮力向前飞行。水鸟掠过水面，燕子掠过空中，都是滑翔。鼓翼是鸟类最普通的飞行方式。翅膀上下运动，以最小的能量获得最大的速度。一般小型鸟类都是鼓翼飞翔。大型鸟类善于翱翔，翱翔时翅膀伸展开不动，整个身体能在空中长时间飞行。翱翔是利用上升的气流作为动力的，所以鹰、秃鹫等翱翔的鸟类，大多栖息在经常有上升气流的山区。海洋上的气流是多变的，适宜海燕、信天翁等鸟类翱翔。

一般海鸟和猛禽习惯于翱翔，因为它们需要长时间、长距离地在空中飞行。

信天翁利用海洋上的上升气流翱翔觅食。

燕子在空中滑翔。

鸟的诞生过程示意图

2 开始发育成胚胎

1 受精卵
气室
蛋黄
蛋清

3 胚胎继续发育。

4 小鸟敲碎蛋壳。

5 小鸟从蛋壳中探出身子。

7 雏鸟诞生了。

6 小鸟破壳而出。

鸟翅上面突起，下面略凹。当鸟向前飞行时，就产生升力，也就是向上的力。如果向上的力超过体重，鸟就上升；如果升力小于体重，鸟就下降；如果升力与体重相同，鸟就保持在水平状态向前飞行。

迁徙的鸟类

　　鸟类的迁徙是指鸟类在每年的春季和秋季，在越冬地和繁殖地之间定期定向的飞迁习性。地球上除赤道地区外均有明显的季节变化，多数鸟类的食物、天敌等也会随着气候、环境的变化而产生数量波动。为了生存，它们需要迁徙。有时路途非常遥远，迁徙的鸟儿需要具备高超的飞行技巧和坚韧不拔的毅力，它们因此成为鸟类中的飞行健将。

金鸻

　　金鸻属于中型涉禽，是著名的"鸟类旅行家"。它们身长约25厘米，而翼羽就有约16厘米长，重约100克。金鸻有东金鸻和西金鸻两种。东金鸻春季在北美洲阿拉斯加西岸和西伯利亚东北部繁殖，南迁时沿中国海域南飞到广东、台湾和云南等地，或者从繁殖地向南飞越太平洋经夏威夷群岛继续南迁，一次飞行的距离有4000多千米，连续飞行可达48～72小时。西金鸻春季在北美洲北部加拿大森林里筑巢繁殖，到了秋季就向南飞迁，从哈德逊湾经过拉布拉多半岛和大西洋美洲北部、巴西，最后飞到阿根廷的丛林草地过冬。

北极燕鸥

　　飞得最远的鸟当属北极燕鸥，它们繁殖于欧洲、亚洲、北美洲的北极区域，但秋季却飞越重洋至南极浮冰上越冬，航程近 1.8 万千米。跨越赤道前，北极燕鸥平日赖以定向的太阳位于它们的南方；越过赤道后，太阳却移至它们的北方，尽管旅途中日照长短及气候条件变化极大，但它们仍能准确地辨明时间和方向。

勺嘴鹬

黄胸鹀

　　黄胸鹀又叫禾花雀、寒雀，体长约 15 厘米，比麻雀稍大。它们在春季到来时，从印度半岛、中南半岛和中国华南地区向北飞到西伯利亚，再经过东欧飞到西欧地区，在那儿筑巢、产卵和繁殖。到了秋季，黄胸鹀又顺着这条路径，经由东欧、西伯利亚、中国南迁到印度半岛和中南半岛。

鸵鸟总目

鸵鸟蛋

鹌鹑蛋　鸡蛋

现生鸟类包括鸵鸟总目、企鹅总目和突胸总目。鸵鸟总目又称平胸总目。鸵鸟和它们的"表兄弟"——鸸鹋、美洲鸵、鹤鸵、几维等是鸵鸟总目。它们的共同特点是胸部平坦，胸肌不发达，不能飞行。除几维外，其他鸟的腿都很长，善于快跑。它们爱吃植物的茎叶、浆果、种子，有时也吃些昆虫和小蜥蜴。它们的消化能力非常强，进食时，几乎将所有的食物都吞下去，却极少消化不良。

鸵鸟不会把头埋到沙子里

人们常说，鸵鸟遇到敌人时，会把头埋在沙子中，认为自己看不到敌人，敌人就不存在了。实际上，鸵鸟遇到敌人后，一般会迅速逃走，有时也会奋起反抗，用有力的后腿猛踢敌人。

最大的鸟

非洲鸵鸟是现存最大的鸟。雄鸵鸟身高可达 2.8 米左右，重约 160 千克。每枚鸵鸟蛋约重 1.5 千克，大约相当于 27 个鸡蛋，蛋壳厚约 2 毫米。

模范父母

鸵鸟喜欢群居，时常 10～20 只成群生活。1 只雄鸵鸟占有3～5 只雌鸵鸟，几只雌鸵鸟会把卵放在一起孵化，每只雌鸵鸟年产蛋 60～80 枚。鸵鸟蛋壳非常结实，一个人站上去都不会破裂。孵出的小鸵鸟由雌雄鸵鸟一起带领着到处寻找食物。雌鸵鸟的羽毛为棕褐色，与沙土的颜色非常相似，是很好的保护色。所以在孵卵时，白天由雌鸵鸟负责，夜间由雄鸵鸟负责。

鸵鸟的"表兄弟"——鸸鹋

鸸鹋是大洋洲的特产。它们很像鸵鸟，同样擅长奔跑，高 1.4～1.9 米，重50～60 千克，是世界上第二大鸟类。鸸鹋的脚上有 3 个脚趾，头部羽毛稀少，身上的羽毛有分支，翅膀比鸵鸟和美洲鸵的翅膀更加退化。通常一只雄鸟和几只雌鸟集成 4～6 只的小群一起生活，主要吃植物。

几维

几维产于新西兰，是世界稀有鸟类，因叫声为"kiwi, kiwi"而得名。它们是鸵鸟最小的"表兄弟"，身体大小与鸡相似，雄鸟体长不超过 45 厘米，重量只有 2～3 千克。它们的羽毛大多为暗褐色，有条纹；腿比较短，脚上有 4 个脚趾；喙非常长，可达 15 厘米，而且鼻孔长在喙的前端，嗅觉极为灵敏。几维生活在茂密的灌木丛中，夜间出来活动，靠嗅觉寻找土壤和落叶中的蠕虫及昆虫为食。雌鸟每年只产一两枚非常大的蛋，每枚蛋可达雌鸟体重的 1/4～1/3。

鸟类奔跑冠军

鸵鸟的翅膀退化，尾羽蓬松而下垂。但腿上的肌肉极发达，脚上只有 2 个脚趾，脚下有肉垫，奔跑速度很快，一步就能跨越约 8 米远，速度能达到每小时 70 千米左右，可以轻易地赶上快马。在飞跑时，鸵鸟常扇动短短的翅膀，像张开风帆一样加快奔跑速度。

企鹅总目

　　企鹅总目又称楔翼总目，只包括企鹅目企鹅科，包括 6 属 18 种企鹅。企鹅全都生活在赤道以南的地区。最寒冷的南极有帝企鹅和阿德利企鹅，靠近赤道的地区有加拉帕戈斯企鹅，从非洲到南美洲都有各种企鹅的身影。它们的构造适于在水中游泳，不适于在空中飞行。其胸骨有龙骨突，可以附着发达的胸肌，有利于潜水。它们的骨骼非常紧密，骨缝中没有气，所以很容易潜入水下。

走起来"最摇摆"

　　企鹅总是挺直身子站着，脚掌着地，依靠尾巴和翅膀保持平衡。它们走起路来一摇一摆，缓慢而笨拙。遇到紧急情况时，它们能够迅速卧倒，舒展两翅，在冰雪上匍匐前进；有时还可在冰雪的悬崖、斜坡上，以尾和翅掌握方向，迅速滑行。

耐寒冠军

　　为了适应南极极度寒冷的环境，企鹅有一套抗寒保温的"装备"：全身的羽毛都是重叠、密集的鳞片状，羽毛的密度比同一体形的鸟类大三四倍；皮下脂肪厚达 2～3 厘米。这些特殊的保温构造，使它们能够抵御零下 60 摄氏度的低温，成为鸟类中的耐寒冠军。

诞生在冰天雪地

　　帝企鹅是世界上最不怕冷的鸟类，喜欢群居。它们一年到头都生活在南极，而且在南极最冷的冬季产卵并孵出宝宝。帝企鹅妈妈可以产 1～2 枚卵，但一般只能孵出 1 只小企鹅。

小帝企鹅躲在爸爸肚皮下取暖。

为什么小帝企鹅是爸爸孵出来的呢？

　　帝企鹅的极地繁殖与别的鸟类不同，企鹅妈妈产卵一两天后，就把卵交给企鹅爸爸，自己跳到大海里去捕食。这并不是企鹅妈妈心狠，不管孵蛋的事，而是因为，企鹅妈妈怀孕后，差不多1个多月时间没进食，在怀孕期间，它们消耗了大量体力，需要补充营养。所以，它们把孵卵的任务交给了"老公"。企鹅爸爸毫无怨言地承担起孵卵的任务，用嘴把卵拨到双脚脚面上，再从腹部耷拉下一块有皱的肚皮把卵盖住。企鹅爸爸们通常并排站在一起，低着头孵卵，一站就是60多天，不吃不喝，直到小企鹅出世为止。一般小帝企鹅孵出后，爸爸的体重会下降到只剩原来的一半，但它们还要吐出一些嗉囊分泌的"乳汁"喂养小企鹅，直到雌企鹅从很远的海中吃饱后回来换班。随后，父母一起喂养小企鹅。雌、雄企鹅和小企鹅之间都靠叫声彼此识别。当小企鹅长得比较大时，还会到"幼儿园"中生活，由"阿姨"看护，以便让父母一起出海捕食。

帝企鹅爸爸哺喂小企鹅。

帝企鹅一家

小蓝企鹅

麦哲伦企鹅

巴布亚企鹅

阿德利企鹅

水中的运动健将

　　企鹅的骨骼比较坚硬，脚比较短而平，再加上双桨般的短翼，使它们可以在水中快速而灵活地"飞行"。它们的羽毛变成鳞片状，紧贴在身体表面，在水中游泳时能保持体形和保护身体。翅膀表面分布有许多血管，可以帮助它们散发热量。企鹅的骨骼不像会飞的鸟类那样又薄又轻，而是比较重，这使它们很容易潜入深海。企鹅可以在水中长时间潜水，如帝企鹅可以一口气潜水9分钟以上，到达260余米的深度。

企鹅捕食

　　大多数企鹅都吃鱼虾类和软体动物。帝企鹅最喜欢吃南极磷虾和乌贼等动物。许多企鹅都喜欢成群结队出去觅食，共同寻找鱼群，合围捕食后，再一起返回。企鹅父母会把食物吞进肚子，回来后，再吐出半消化的食物喂给宝宝。

王企鹅

帝企鹅

身材高低各不同

　　企鹅有许多种类,最大的是帝企鹅,可高达 1.2 米左右,重约 30 千克;王企鹅稍小一些,高约 1 米,重约 16 千克;阿德利企鹅、巴布亚企鹅、麦哲伦企鹅体形中等;体形最小的小蓝企鹅身高只有约 40 厘米。

猛禽

　　突胸总目是鸟纲中最大的一个总目，它们翅膀发达，胸骨具有龙骨突起，大致可分为六大生态类群：猛禽、游禽、涉禽、攀禽、陆禽、鸣禽。猛禽是指那些性格凶悍的肉食性鸟类类群，包括白天活动的苍鹰、游隼等猛禽和夜晚活动的各种猫头鹰。它们可谓"空中霸主"，以小型至中型的脊椎动物，特别是鸟、兽为食。它们的飞行速度一般都很快，善于在高空翱翔，发现地面的猎物后俯冲进行抓捕。它们的视力非常好。猛禽都有着尖锐而带钩的利爪和尖嘴，能抓牢和撕碎猎物。大多数猛禽都自己捕食，而秃鹫等少数猛禽靠吃动物的尸体为生。

雀鹰

苍鹰

　　苍鹰是中型猛禽，体长 47 ～ 59 厘米，翅长超过 27 厘米。雌雄鸟羽色相似，但雌鸟体形稍大。它们通常在丘陵地带活动，生性凶猛而狡猾；视力敏锐，双翅强健，动作敏捷；钩嘴与钩爪配合，极适于撕裂猎物。它们经常藏在枝叶茂密的丛林间，窥伺地面，一旦发现猎物，便迅速俯冲，直线追击，用利爪抓捕猎物。苍鹰主要以雉鸡类、野兔、野鼠和幼鹿为食。中国很早就驯养苍鹰，用于狩猎禽类。苍鹰于繁殖期在高树树冠内筑巢，巢为皿状，用枯树枝构成。雌鸟通常在 5 ～ 6 月产卵，每窝产卵 2 ～ 4 枚，孵化期 35 ～ 38 天，雌鸟负责孵卵，雄鸟负责捕食哺喂雏鸟。约经 45 天育雏期，幼鸟飞出独立觅食。

金雕

　　金雕是北半球一种广为人知的大型猛禽，翼展平均超过 2 米，体长可达 1 米左右，腿上全部有羽毛覆盖。金雕栖息于高山草原、荒漠、河谷和森林地带，冬季也常到山地丘陵和山脚平原地带活动，以大中型的鸟类和兽类为食。金雕的 3 个脚趾上都长着又粗又长的角质利爪，能够像利刃一样同时刺进猎物的要害部位，撕裂皮肉，扯破血管，甚至扭断猎物的脖子。巨大的翅膀也是金雕的有力武器之一，可以将猎物击倒在地。金雕通常单独或成对活动，冬天有时会结成较小的群体，但偶尔也能见到 20 只左右聚成大群一起捕捉较大的猎物。金雕在高空中一边呈直线飞行或圆圈状盘旋，一边俯视地面寻找猎物。发现目标后它们会从天而降，牢牢地抓住猎物的头部，将利爪戳进其头骨，使之立即丧命。

知道多一点

大战中的"游隼军团"

第一次世界大战期间，德军组织了一个"游隼军团"，拦截协约国情报部门使用的信鸽。由于游隼没法识别"敌"和"友"，在执行任务时，凡是在天空飞翔的鸽子，它们不分青红皂白，全部彻底地加以猎杀，连德国人的信鸽也没法使用。最后，德军不得不下令消灭这些游隼。

游隼

游隼是分布最广的中小型猛禽，长约 40 厘米，飞行速度快。它们很凶猛，常出没于苔原、草原、沙漠和开阔的田野，是捕鸟能手。游隼的最大速度可达 140 千米/时。游隼擅长在开阔的草原和旷野地区狩猎，在森林地区较难施展本领。因此当游隼来袭击时，鸽子就躲进树林穿梭飞行，松鸡、鹬鸪躲进树丛里隐蔽起来，鸥类呈螺旋状飞上云端……所以游隼也不是每次捕食都能成功。游隼还敢于跟其他猛禽搏斗。人们曾目睹两只游隼向一只金雕发动猛烈的进攻，金雕惊叫着左躲右闪，直到飞向高空才摆脱了游隼的纠缠。

秃鹫

秃鹫又叫秃鹰、坐山雕，泛指一类以食腐肉为生的大型猛禽，身长约 110 厘米，体重 7～11 千克，主要栖息于低山丘陵和高山荒原，以及森林中的荒岩草地、山谷溪流和林缘地带。出于吃动物尸体的需要，秃鹫带钩的嘴变得十分厉害，可以轻而易举地啄破和撕开坚韧的牛皮，拖出沉重的内脏；裸露的头能非常方便地伸进尸体的腹腔而不必担心头上的毛被弄脏；脖子的基部长了一圈比较长的餐巾般的羽毛，可以防止食尸时弄脏身体。

秃鹫常单独活动，偶尔也成群出现在食物丰富的地方。

秃鹫的飞翔能力比较弱，但它们在高空时善于翱翔，以此节省能量。

猫头鹰

猫头鹰是一类夜行性猛禽，它们羽毛柔软，飞时无声，大大的眼睛适于夜视。多数种类两眼朝前，眼睛四周长有放射状的细毛，构成"面盘"。它们的听觉十分发达，耳朵是其夜间定向的主要感觉器官。

猫头鹰为什么是"夜猫子"？

猫头鹰俗名"夜猫子"。猫头鹰的眼睛没有环状肌，瞳孔无法缩小。但它们有放射状肌，能使瞳孔放大。许多猫头鹰的视网膜上没有视锥细胞，只有视杆细胞。视锥细胞能感觉丰富的色彩，但需要较强的光照；视杆细胞恰恰相反，只要有很弱的光线，就能工作。猫头鹰视网膜上的视杆细胞比其他动物的多得多，因此在黑夜里能看得清清楚楚。

夜猫子家族

猫头鹰是夜间捕猎的肉食性鸟类。世界上只有不足 3% 的鸟是夜行类，猫头鹰占了其中的一半以上。猫头鹰分布于世界各地，共有 234 种，中国有 32 种。猫头鹰的身体结构有些像攀禽，第四个足趾可以向前，也可以向后；既能攀缘，又能抓捕小动物。它们都有一对向前的大眼睛，能在夜间看清猎物，但在白天反而视力模糊。猫头鹰的耳孔特别大，后面有耸立的耳羽形成的"耳壳"，"脸盘"也能帮助收集声音，使它们听到细微的动静。猫头鹰飞行时基本无声，可以悄悄逼近猎物。猫头鹰中体形最大的是雕鸮，多栖息于人迹罕至的密林中，全天可活动。中国常见的猫头鹰有长耳鸮、角鸮、雕鸮、短耳鸮等。

猫头鹰的食丸

视野与众不同

鸟类的眼睛一般都长在头部两侧，或两侧稍靠后的部位，都有360度的视域，不用转头照样能窥见后面的"敌人"。猫头鹰的视域比较小，只能看到前方的物体，而且眼睛也几乎固定不动。可是，它们的头却能够左右180度迅速转动，脊椎骨也可以转动，这样就弥补了两眼视野较窄的不足。

角鸮耳羽发达，体形较小。常见的有红角鸮、黄嘴角鸮、纵纹角鸮、领角鸮。红角鸮视听能力极强，善于在朦胧的月色下捕捉飞蛾等昆虫。

雪鸮长着浓密的羽毛，能够抵御零下50摄氏度的低温。

眼镜鸮幼鸟显得很乖觉。

长耳鸮长有一对耳羽，它们并不是听觉器官，而是用来传递信号，向同类报警的工具。

仓鸮的脸不太圆，而是像猴子一样的倒三角形，所以仓鸮又叫猴面鹰。

横斑渔鸮可以捉鱼。

鹰鸮常在黑夜出游，喜欢在午夜后鸣叫。

185

游禽

生活在湖泊、沼泽、河流等地，大多数脚趾间有蹼相连，既能在天空中自由飞翔，又能在水面漂浮或水边站立的鸟类，统称为水鸟。水鸟包括游禽和涉禽两大类。游禽是在水中以游泳、潜水捕食生活的鸟类。

鸳鸯

鸳鸯是一种中型游禽，体长 38～50 厘米，重 470～950 克。雄鸳鸯的羽毛非常华丽，翅膀上有 2 枚扩大成扇状的羽毛，竖立在背部，像 2 个小船帆，叫"相思羽"或"剑羽"，胸腹部为纯白色。而雌鸳鸯的羽毛主要是棕褐色，只有脸侧有白纹，腹面呈白色，也没有相思羽。鸳鸯喜欢在河边的树洞中造巢，每窝产卵 7～12 枚。小鸳鸯孵出后就会从树洞口跳入下面的水中，开始游泳觅食。

天鹅

天鹅是一类大型游禽，分布在欧亚大陆和澳大利亚。天鹅扁扁的喙边缘有能滤食的梳状突起，喙与眼之间没有羽毛，喙尖有加厚的"嘴甲"。腿长在身体的后部，前 3 个脚趾之间有蹼相连。天鹅主食植物，如蒲根、菱角、莲藕和水藻，也吃贝类和鱼虾。天鹅的寿命约为 20 年。在水面上游泳时，天鹅常把颈部弯曲成"S"形，并把翅膀拱起。雌雄天鹅外形上没有明显的区别，春天它们在芦苇丛中造巢。雌天鹅可产下 4～9 枚卵，孵化出壳的小天鹅长有灰褐色绒羽，是早成雏。

文学的谎言

鸳鸯喜欢集成 20 只左右的小群生活，因为它们常常成双成对地在水中游来游去，形影不离，所以又被当作恩爱夫妻的象征。实际上，鸳鸯对爱情并不忠贞，它们常常会分开生活，一方死后，另一方会立即另寻新欢。

大天鹅体长 1.2～1.6 米，重 6～12 千克，浑身呈乳白色，嘴端黑，嘴基黄。

小天鹅身长 1.1 ~ 1.3 米，重 4 ~ 7 千克，是体形最小、最活泼的天鹅种类，又称短嘴天鹅。它们全身洁白，外形上与大天鹅很相像。主要区别是小天鹅体形较小，嘴部的黄色仅局限于嘴基两侧，不向前延伸至鼻孔以下；而大天鹅嘴部黄色向前延伸至鼻孔下方。

疣鼻天鹅身长 1.3 ~ 1.55 米，重 7 ~ 10 千克，浑身雪白，红嘴巴，黑疣鼻，是天鹅中最美、体形最大的。疣鼻天鹅胸部的鸣管不是一个环状，不能产生胸腔共鸣作用，不像其他天鹅那样鸣声响亮，只能发出低沉而沙哑的嘶嘶声，因此又被称为"哑天鹅"。中国在新疆开都河上游草原地带建立了天鹅自然保护区，每年春天都有 10 万多只疣鼻天鹅来这里繁育后代。

早成雏：一般其父母不需要造复杂的巢。小鸟孵出时眼睛已睁开，耳朵能听，腿脚有力，全身有绒毛，可以随父母一起觅食。如鸡、鸭和鹤类。

晚成雏：其父母大多能造结构复杂而精巧的巢。小鸟孵出时眼睛不能睁开，全身基本没有绒毛，不能行走觅食，要留在巢中靠父母喂食，出巢后还要学习觅食方法。如麻雀、啄木鸟、鹰、鹈鹕和鹭类。

黑颈天鹅身披洁白的羽毛，头颈部的羽毛却是又黑又亮，嘴基部长着一个大而美丽的红肉瘤。它们在加拿大和南美洲南部的湖泊和沼泽地带繁殖。秋天，生活在加拿大的黑颈天鹅南飞到北美洲南部，南美洲南部的黑颈天鹅则北飞到南美洲中部越冬。

黑天鹅羽毛呈黑褐色而卷曲，嘴巴是红色的。它们是世界著名观赏珍禽，主要分布在大洋洲。黑天鹅栖息于海岸、海湾、湖泊等水域，成对或结群活动，以水生植物和水生小动物为食。

涉禽

涉禽也是水鸟中的一类，指在水边生活、能在浅水中觅食但不会游泳的鸟类。涉禽包括鹤、鹳、鹭与鹮等具有"三长（嘴长、颈长、腿长）"特征的鸟类。

丹顶鹤

丹顶鹤俗名仙鹤，身高可达 1.2 米以上，重约 6.5 千克，是大型涉禽，分布于俄罗斯、中国、朝鲜半岛和日本北部，它们身上的羽毛为白色，但喉部、颊部、颈部为暗褐色，翅膀上的飞羽为黑色，不飞行时翅膀折叠，盖在尾羽上面，常被认为是黑色的尾巴。成年丹顶鹤头顶有一块红色的皮肤，非常美丽。它们的脚上 4 趾不在一个平面上，后趾要比前 3 趾高，因此它们不能落在树上休息和筑巢。每逢春天的繁殖季节，雌雄丹顶鹤就相对翩翩起舞，表达爱意，欢叫声能传播到很远的地方。它们在沼泽中的草堆上筑巢，雌鹤产卵后即卧窝孵化，雄鹤则在附近警戒。小丹顶鹤出壳后就能步行，几天后便可以跟父母一起出去觅食。

鹤舞仙姿

鹤是美丽而优雅的大型涉禽，它们飞行时，头、颈和两腿前后伸直，并常排成整齐的队形，很美观。全世界共有 15 种鹤类，中国有 9 种。鹤在中国文化中有崇高的地位，特别是丹顶鹤，是长寿、吉祥和高雅的象征，常被人们与神仙联系起来，所以又称"仙鹤"。

朱鹮

　　朱鹮体形比较像白鹭，但嘴长而下弯，非常适合于在地上和湿地的泥中挖掘食物。它们长得非常漂亮，身披白色的羽毛，在翅膀和尾巴上有粉红色的淡晕，好像轻轻抹上了一层胭脂。朱鹮飞行时双翅缓慢而有力地扇动，好像仙女轻轻飞上天空，所以古人称其为"仙女鸟"。朱鹮在高大的树上筑巢，春天产 3～4 枚卵。经过 1 个月左右的孵化，小朱鹮就出壳了。朱鹮父母会将已经半消化的食物吐出喂给宝宝。朱鹮是世界上最珍贵的鸟类之一，1981 年全世界仅剩下 7 个野生个体，全部分布在中国陕西省汉中市洋县。

鹳

　　鹳是一类大型涉禽，包括东方白鹳和黑鹳等种类。许多种类的身高在 1 米以上。它们的 4 个脚趾在同一平面上，所以可以站在树枝上。它们飞行时，脖子不像鹤那样一直向前伸出，常是弯曲的。另外，它们的小鸟属于晚成雏。鹳的翅膀很大，尾巴较短，飞翔起来轻快灵活。它们喜欢在高大的树杈上筑巢，白天在湖泊、河流、水田中觅食，晚上回到树上休息。鹳喜欢吃鱼、蛙、蛇和甲壳等。

东方白鹳的腿很长，翅膀很大，飞翔起来轻快灵活。它们在北方繁殖，冬季到南方温暖的地区过冬。每年冬季，中国的鄱阳湖中都有许多东方白鹳活动，那里是世界著名的鸟类保护区。

黑鹳又称乌鹳，常在溪流中觅食，以鱼、蛙、蛇、甲壳类为食。

白鹭

　　白鹭又叫鹭鸶，体长约 54 厘米，是中型涉禽，有一身洁白的羽毛。在繁殖季节，它们头后的枕部垂下长长的两根翎羽，背部和胸前有蓬松的蓑羽，很美丽。鹭类 4 个脚趾在同一平面上，可以抓住树枝，所以常在树上休息和筑巢。

黄嘴白鹭

火烈鸟

　　火烈鸟又称大红鹳，主要分布于地中海沿岸，东达印度西北部，南抵非洲，也见于西印度群岛，近年来在中国新疆、陕西、河北、天津等地也有发现。火烈鸟是一类大型涉禽，体形大小跟鹳差不多，体色华丽，外形漂亮。全世界一共有5种火烈鸟，分别是大红鹳、智利红鹳、小红鹳、安第斯红鹳、秘鲁红鹳。它们生性胆小，喜欢群体生活，常上万只结成群，场面非常壮观。

美丽的大鸟

　　火烈鸟的嘴短而厚，上嘴从中部下曲，下嘴较大呈槽状。它们的颈和腿都极为修长。更引人注目的是它们艳丽的体色，体羽呈白色兼有玫瑰色，飞羽呈黑色，覆羽呈深红色。

奇特的进食方式

　　火烈鸟以湖水浅滩中的小虾、蛤蛎、昆虫、藻类等为食。其进食的方式也很奇特：头往下浸入水中，嘴巴倒转，把食物吸入嘴里，再把多余的水和不能吃的渣滓排出，然后将食物慢慢吞下。

粉红色的秘密

　　火烈鸟之所以是粉红色，是由于它们摄取的食物中含有大量天然色素。火烈鸟吞食水藻或以水藻为食的丰年虫，而水藻中正含有这种天然色素，特别是含有一种特殊叶红素的螺旋藻，因此火烈鸟就成为粉红色的了。

火烈鸟会用泥筑成扁平的圆锥形的巢，它们的巢十分宽敞，使得每只火烈鸟都有足够的活动空间，避免群居生活中的冲突和碰撞。

攀禽

生活在森林里的鸟类除了采食植物的果实和种子外，大多数还能捕食森林害虫，可以帮助人类保护森林，是很受欢迎的益鸟。它们大多数的脚爪构造很特殊，能有效地进行抓握，善于攀爬树的枝干，因此又被称为"攀禽"。

啄木鸟

啄木鸟是著名的森林"医生"。除南极洲和大洋洲外，世界各地都有啄木鸟分布，在有衰老树木的森林中更加常见。它们喜欢吃树皮上生活的害虫，如天牛幼虫。它们有凿状的嘴，可以凿开树皮捕捉昆虫。

啄木鸟的"捉虫设备"

啄木鸟啄树皮时，需要站在竖直的树干上。它们的2只脚爪上的脚趾都是2只向前，2只向后的。仅靠脚爪站在树干上的力量还不够，它们的尾羽还长得非常坚硬而有弹性，就像第三只脚。这样啄木鸟就能稳稳地站在树上，并能用嘴用力敲击树干。啄木鸟在嘴和头骨上还形成特殊的减震结构，以防止敲击树干时造成自己脑震荡。啄木鸟的舌头像一条长长的钩子，能伸进凿开的树洞中把虫子钩出来吃掉。

常见的灰头绿啄木鸟体长约30厘米，全身长有绿色羽毛，成年雄鸟的头顶有一块红斑。

小杜鹃在寄养的鸟巢里，比其他小鸟先出壳。它们还没有睁开眼睛就会把窝中其他鸟蛋和小鸟都扔出鸟巢，好让"养父母"只喂养它们。但小杜鹃长大后一飞而去，并不感谢"养父母"的养育之恩。

杜鹃

　　杜鹃也称布谷鸟，体长 16～70 厘米，停在树上像小型的鹰类，但嘴尖没有钩。它们的体形与鸽子相似，但比较纤细。有许多种杜鹃自己不筑巢，把卵产在其他鸟巢中，让其他鸟帮它们孵卵并哺喂小鸟。这种现象叫巢寄生。

犀鸟

　　犀鸟在东南亚一带被人们视为吉祥之物。犀鸟是善于攀缘的并趾型鸟，其外趾和中趾基部有 2/3 互相并合，中趾与内趾基部也有些并合。犀鸟常选择在距地面 16～33 米处的树洞筑巢。犀鸟的繁殖习性很特殊。雌鸟选好巢址后，在洞底铺一层碎木屑，就在洞内产下 1～4 枚纯白色的卵。产卵后它们卧在巢内不再外出，将自己的排泄物混合种子、朽木等堆在洞口。雄鸟则从巢外频频送来湿泥、果实残渣，帮助雌鸟将树洞封住。封树洞的物质掺有雌鸟具有黏性的胃液，因而非常牢固。最后，雄鸟在洞口留下一个垂直的裂隙，供雌鸟伸出嘴尖接受其送来的食物。雌鸟要在树洞中自我监禁好几个月，直到雏鸟快飞出时才破洞而出，在此期间它们全靠雄鸟喂食。雄鸟能将胃壁的最内层脱落吐出，呈一薄膜状，用以贮存果实，以供雌鸟和雏鸟食用。

鹦鹉

鹦鹉是一类羽毛艳丽的鸟类，属于中型攀禽。世界上有 380 多种鹦鹉，分布于亚洲南部、大洋洲、非洲、中美洲和南美洲，主要产于大洋洲。

虎皮鹦鹉

嘴上与爪上功夫

鹦鹉的喙短而粗，顶端有尖钩，可以咬破植物的果壳或坚硬的种子，还能在爬树时钩住树干。它们的舌头很短很厚，在吃东西时能很方便地剥出果仁。它们一般在树洞中造巢，小鸟为晚成雏。鹦鹉的脚趾2只向前，2只向后，非常灵活，能像手一样抓食物吃。

牡丹鹦鹉主要栖息在高原地区的灌木丛、开阔的草原和农耕区等地，有时候会多达数百只聚集在一起，叫声尖锐刺耳。它们生性活泼大胆，可以与人近距离接触。

聪明多才

鹦鹉的叫声比较单调，但它们很善于学人说话，堪称"巧言"冠军。经训练，它们不仅能表演杂技，还能领路。鹦鹉视觉敏锐，没有辨不清红绿色的"色盲症"。鸟类学家发现它们在路上的注意力比狗集中，所以以鹦鹉领路的本领比狗还强，而且鹦鹉的寿命有几十年长。中国鹦鹉有9种，常见的鹦鹉为灰头鹦鹉、大绯胸鹦鹉。

金刚鹦鹉是一类色彩艳丽的大型鹦鹉，主要分布在南美，学话能力较强，比较容易接受人的饲养和训练。由于被人类饲养，它们中的许多种类已丧失野外生存能力，濒临灭绝。

非洲灰鹦鹉属于大型鹦鹉，主要以各种种子、水果等为食。它们通常栖息在低海拔地区和雨林，喜群居。非洲灰鹦鹉擅长模仿人语。

蓝孔雀

陆禽

　　陆禽是指那些不适于远距离飞行、主要在陆地上栖息的鸟类。这类鸟体格健壮，翅膀尖儿为圆形，嘴短钝而坚硬，腿和脚强壮而有力，爪为钩状，很适于在陆地上奔走及挖土寻食。雉鸡、孔雀等都是陆禽。

金鸡

　　金鸡又名红腹锦鸡，颜色艳丽，为中国特有鸟种。它们单独或成对栖息于海拔 500～2500 米的高山中的突出台地和陡坡，出没于矮树丛和竹林间。在繁殖季节，其雄鸟相遇必斗，战斗相当激烈。

孔雀

　　孔雀主要生活在亚洲热带和亚热带常绿阔叶林或混交林中，喜欢由一只雄鸟和几只雌鸟组成小群，在林间空地和溪流旁边活动。孔雀主要有绿孔雀和蓝孔雀（又称印度孔雀）两种，白孔雀是绿孔雀的自然变异种。绿孔雀分布于中国云南省西部和南部及毗邻的国家，蓝孔雀分布在印度和斯里兰卡。雄孔雀有一条长达 150 厘米左右的尾屏，呈鲜艳的金属绿色。尾屏主要由尾部上方的覆羽构成。这些覆羽极长，羽尖具有虹彩光泽的"眼圈"，其周围绕以蓝色及青铜色的羽毛。到了求偶季节，雄孔雀使尾屏竖起并向前全部展开，以绚丽夺目的"开屏"表演来赢得雌孔雀的"芳心"。当求偶表演达到高潮时，雄孔雀的尾羽开始颤动，并闪烁发光。另外，雄孔雀开屏也是一种自卫手段，其大尾屏上散布着近似圆形的眼状斑，能够吓退敌人。

白孔雀

绿孔雀

不同季节雷鸟的"换装秀"

雷鸟

　　雷鸟是典型的寒带鸟类，终年留居在寒冷的北方，遍布欧亚大陆北部和北美洲。由于长期在冰雪中生活，它们形成了一系列适应冻原这种生存环境的特性，如腿上的羽毛厚而长，一直覆盖到脚趾；脚趾周围有很多长毛，这样既保暖，又便于在积雪上行走而不至于下陷；鼻孔外被覆羽毛，可抵挡北极的风暴，也有利于在雪地中啄取食物。雷鸟体长约 38 厘米。同一般鸟类不同，雷鸟四季都换羽。雄鸟在婚后和冬季之前，夏羽和冬羽完全更换为新羽，而春羽和秋羽只是局部替换；雌鸟每年换羽 3 次，婚前不换羽。雷鸟的冬羽与大地的银装一致，雌、雄鸟全身呈雪白色。春季，雄鸟的头、颈和胸部换成有栗棕色横斑的春羽。雄鸟繁殖前还有换"婚羽"的习性，即换成华丽的羽饰，以此博得雌鸟的青睐。夏季，雷鸟上体换成黑褐色且具棕黄色斑纹的羽毛。秋季，羽毛又换成黄栗色。北方地势平坦，因严寒又缺乏植被，雷鸟没有天然隐蔽处所，它们四季换羽正是生存适应和自然选择的结果。雌雷鸟羽色不如雄鸟艳丽，便于隐蔽自身和保护幼雏。

鸣禽

鸟类中最大的家族，共有 4000 多个成员，几乎占世界鸟类种类的一半。这就是雀形目鸟类。它们的发声器官非常发达，因此又称鸣禽。它们是天然歌手，用婉转动人的歌喉给大自然增添了无限生机和魅力。

复杂的发声器官

鸣禽与其他鸟类的主要不同之处是它们有较复杂的发声器官——鸣管。鸣管位于鸣禽气管与两侧支气管的交界处。此处的内外侧管壁均变薄，称为鸣膜，吸气和呼气时气流均能震动鸣膜而发出各种不同的声音。鸣管外侧生有被称为鸣肌的特殊肌肉。鸣肌受神经支配，可以控制鸣管的伸缩，从而调节进入鸣管的空气量和鸣膜的紧张度，改变其鸣叫声。

鸣禽的鸣叫方式

鸣禽的鸣叫主要有鸣唱和鸣叫两种类型。鸣唱由性激素控制，是繁殖期的一种求偶行为。鸣唱基本上是雄鸟的行为，但有些雌鸟孵卵时也会不停地鸣唱。鸣叫为鸟类日常的叫声，依传递信息的要求和环境条件的变化，又可分为呼唤声、警诫声、惊恐声、寻群声等。这些不同的叫声与取食、集群、迁徙，以及对捕食者的反应有关。许多鸟类还可以效仿其他动物的叫声、器物的响声，甚至人类的简单语言。中国有 30 多种效鸣的鸟类，如百灵、画眉、沼泽山雀、蓝点颏、红点颏、八哥、鹩哥、鹦鹉等。效鸣的鸟类对于学来的人类简单语言并不理解，会"说话"只表明它们具有较高的发声和学习能力。

鸟类歌唱家

欧洲的夜莺可能是欧洲文学中提到次数名列前茅的著名鸣禽。百灵鸟也是诗人喜爱的鸣禽。北美的嘲鸫的鸣声不仅丰富多变，而且持续时间长。中国的画眉鸣啭悦耳动听。澳大利亚的琴鸟不是真正的鸣禽，但其鸣声嘹亮而又变化多端，甚为动人。

金丝雀

金丝雀又称芙蓉鸟、加那利雀，是一种受人喜爱的笼鸟。它们鸣叫的时候不张嘴，声音在喉中鼓动，好听极了。其鸣啭可以长时间持续而不间断，这是约 400 年来人工选育的结果。金丝雀有很多品种，其中百啭金丝雀几乎不停地鸣啭，鸣声连续不断；而断续金丝雀鸣声响亮，一声声界限清晰。

夜莺

黑头林黄鹂

黄鹂

黄鹂又叫黄莺，是中等体形的鸣禽，主要吃树上的有害昆虫，为著名食虫益鸟，鸣声悦耳动听。黄鹂胆小，人们不易在树上看到它们，但听到它们响亮刺耳的鸣声，就可知道它们在哪儿。在繁殖季节，其雄鸟会"唱"出非常婉转动听的"歌"。

画眉

画眉栖息在山丘的灌丛和村落附近的灌木丛中，喜欢单独活动，有时也结成小群。它们机敏而胆怯，但雄鸟好斗，常追逐其他鸟类。它们鸣声婉转，并善于模仿其他鸟类鸣叫。其叫声浑厚圆滑，悠扬嘹亮，宛如女中音，耐人回味。

百灵

百灵是草原的代表性鸟类，属于小型鸣禽。其鸣声尖细、响亮而优美，能够持续很长时间。百灵还善于学习其他许多鸟类和小动物们的声音。雄性百灵求偶时会在空中鸣唱或在高空响亮地拍动翅膀。

鸟类捕鱼能手

　　喜欢捕食鱼类的鸟有很多种，大多栖息在水域或水边。它们捕鱼的方式多种多样：鹈鹕、鸬鹚、鹭类、秋沙鸭、翠鸟等啄食鱼类；鸥、浮鸥等往往在水面上空飞翔，发现鱼类即由低空钻入水中，用嘴叼住猎物后，立即起飞；海雕从水面上用爪擒拿鱼类；企鹅则潜入水底叼鱼。

鹈鹕

　　鹈鹕又叫塘鹅，是一种大型游禽。它们喜欢群居，主要栖息在湖泊、沼泽、河流地带。其体长可超过 2 米，翼展可达 3 米以上。鹈鹕在世界各地均有分布，著名的有非洲的白鹈鹕，欧洲和亚洲的卷羽鹈鹕，美洲的褐鹈鹕等。

鹈鹕的嘴底部挂着一个喉囊，差不多有 12 ~ 13 升的容量，能装好多小鱼。

集体"网"捕

　　鹈鹕常成群捕鱼。捕鱼时，它们先在湖面上排列成半圆形或排成一列，再展开阔翼，拍打扇动，划着脚掌，把鱼群赶到近岸浅水的地方，然后张开大嘴，鼓起巨囊，像用一张张网兜东淘西兜，时而将小鱼叼起吞进嘴内，时而连鱼带水一起吸入，之后闭着嘴巴，收缩"喉囊"，将水滤出，把鱼吞下。如果鱼多，鹈鹕一次吃不完，就将剩下的鱼儿暂时装在喉囊里贮存起来，慢慢地享用，或者带回巢去哺喂幼雏。

澳大利亚鹈鹕的嘴是鸟类中最长的，可以达50厘米左右。

鹈鹕的4个脚趾之间都有蹼相连，叫全蹼。

澳大利亚鹈鹕的嘴是鸟类中最长的，可以达50厘米左右。

鸬鹚

　　鸬鹚是一种中大型水鸟，体长约 80 厘米，像鹰一般长有强大而尖锐的钩嘴，可以牢牢啄住光滑的鱼，因此也叫"鱼鹰"。鸬鹚喉咙处长有可以被撑得很大的囊，能吞下非常大的鱼，也能暂时储存食物。鸬鹚的脚在身体的后侧，站立时身体直立，4 个脚趾之间都有完全的蹼膜相连，有利于划水。鸬鹚的视觉非常敏锐，它们常站在水边的石头或树桩上观察，一旦发现水中有鱼儿在游动，就潜入水中突袭捕食。被鸬鹚吞入腹中的鱼儿很快就被消化掉了，而剩下的鱼骨头也被鸬鹚胃中分泌的黏液包裹起来，形成蜡丸状的东西后，再由鸬鹚的嘴中吐出来。

鹗

　　鹗是猛禽中最有名的"渔夫"，通称鱼鹰，体长约 50 厘米，趾有锐爪，趾底遍生细齿，外趾能前后转动，捕鱼技术高超，可以同鸬鹚媲美。捕鱼时，它们拍动双翼飞到水面低空，俯视着水面，一发现水面泛起涟漪，立即俯冲而下，在临近水面的时候快速伸出长脚爪，狠狠抓住鱼儿，然后疾飞而起，溅起阵阵水花。与这种习性相适应，鹗的外趾在抓捕猎物时能向后方转动，成为 2 前 2 后的趾型，而且足底的鳞片呈刺状，使抓持的鱼不易滑脱。

翠鸟

　　翠鸟高超的捕鱼本领与其独特的身体构造有密切关系。翠鸟尾部的尾脂腺能分泌出一种油脂，使它们在水中迅速潜浮而不致沾湿羽毛。翠鸟在冲进水中的一瞬间，能精确地调节由于光线的折射而形成的视差，并看清猎物所在的位置而一举将其捕获。同时，翠鸟还能在水中保持极好的视力。

吸食花蜜的鸟

鸟类的食性可分为食肉、食鱼、食虫和食植等类型，还有很多居间类型和杂食类型。食植的鸟为数不少，其中有几种喜欢吃花蜜的鸟。

蜂鸟

蜂鸟是小型鸟类，因飞行时两翅振动发出像蜜蜂一样的嗡嗡声而得名。它们主要分布在美洲。蜂鸟的体形很小，最小的闪绿蜂鸟比黄蜂还小，而大型蜂鸟的大小和燕子一样。蜂鸟的羽毛一般都非常艳丽，还常带有金属光泽。它们的嘴细长，像管子一样，有些甚至比身体还长；舌头像刷子，伸缩自由，能伸到花蕊中沾蜜吃。其羽毛像鳞片一样紧贴在身上，大都闪耀着彩虹一样的光彩，还不怕雨水。蜂鸟太小，为了保持体温，需要吸食大量的花蜜，每天要找 1000 多朵花，吸食的花蜜重量可以达到甚至超过其体重。

"停飞"高手

蜂鸟在飞行时双翅极速拍动，有力而持久，最小的种类每秒可拍动 50 次以上。蜂鸟善于持久地在花丛中徘徊"停飞"，既能前进又能后退，能升能降，还能像直升机一样停在空中。除两翅振动发声外，蜂鸟还会发出清脆、短促、刺耳、犹如蟋蟀鸣叫声一般的"吱吱"声。"停飞"在花间时，它们常将嘴伸入花瓣中吮食花蜜。

蜂鸟数据库

全世界共有 300 多种蜂鸟。最小的闪绿蜂鸟身长约 5.5 厘米，其中嘴和尾巴长约 4 厘米，重约 2 克。它们飞行时扇动翅膀的速度达到每秒 50 次以上，最快可达每秒 90 次左右。它们的飞行高度可达 4000～5000 米，还可连续飞行 800 千米左右。它的心脏跳动最快达每分钟 1260 次左右，呼吸达每分钟 600 次左右。

吸蜜鸟

　　吸蜜鸟主要分布在澳大利亚及太平洋诸岛。它们拥有伸缩自如的长舌，能从花中吸食花蜜。吸蜜鸟常栖息在森林或草原间，喜欢群居生活。

蜂鸟

太阳鸟

　　太阳鸟主要分布在亚洲。它们体形纤细，体长 8～20 厘米，有细长微弯的嘴和管状的长舌，主要以花蜜为食。太阳鸟生性活泼，单个、成对或成小群在次生阔叶林以及开花的乔木、灌木上活动。成群觅食时，它们常互相唤叫。它们飞行能力强，吸食花蜜时喜欢极速鼓动双翅悬飞在花前，做出悬停半空、倒吊身子的高难动作，很像蜂鸟的动作，因此被誉为"东方的蜂鸟"。

国旗上的国鸟

　　有些国家把人们喜爱的或者具有重要价值的鸟定为"国鸟"，其中还有一些鸟被绘制在国旗、国徽上，寓意深长。"国鸟"最早起源于美国。1782 年，美国的白头海雕濒临灭绝，美国国会便将白头海雕定为"国鸟"，以此促使国民树立爱护鸟类的意识，保护这种珍禽。此后，全世界有 100 多个国家纷纷效仿此举，分别选定了各自的"国鸟"。

基里巴斯国鸟——军舰鸟

　　军舰鸟是一类大型海鸟，一般都长有黑色且带蓝绿色金属光泽的羽毛。军舰鸟虽然也能自己捕鱼，但它们常常在空中袭击海鸥和鲣鸟等较小的海鸟，从这些小型海鸟的口中强行夺取食物，所以又叫"强盗鸟"。雄军舰鸟喉部鲜红，羽毛稀少。它们常常会用力吸入大量空气，把喉部胀成红气球状，之后左右摆头，再猛地把空气放出，发出"啪"的一声，向雌鸟炫耀。比起步行或游泳，军舰鸟更擅长飞行，有非凡的速度和耐力，因此它们得以以凌波高飞的姿态展现在基里巴斯国旗上。

乌干达国鸟——灰冕鹤

　　东非冕鹤又叫皇冠鹤，是非洲大陆上最炫目的鸟，也是非洲国家乌干达的国鸟。在乌干达的国旗上，东非冕鹤站立于代表了人民、大地与阳光的三色彩条之上。乌干达是赤道地区著名的湿地之国，河流两岸与湖泊浅滩的沼泽地是东非冕鹤繁衍生息的天堂。东非冕鹤为大型涉禽，体长近130厘米。这些大鸟与乌干达人比邻而居，对人类没有戒心。它们在草原和沼泽上漫步，时而捞起水里的鱼虾。乌干达人非常欣赏东非冕鹤的求偶舞姿和绅士风度，更为其头顶彰显王者之尊的金冠所倾倒。

危地马拉国鸟——凤尾绿咬鹃

　　危地马拉国旗上有只站在刀枪背景之中的绿色的鸟，危地马拉人把它视为独立自由的象征。这就是凤尾绿咬鹃，被南美原住民称为格查尔鸟。"格查尔"在印第安语里是金绿色羽毛的意思。凤尾绿咬鹃的腹部羽毛为金红色，背部为金绿色。雄性鸟有形同凤凰般平滑的长尾覆羽。凤尾绿咬鹃在中美洲的神话中有着重要的地位。玛雅人把它们看作羽蛇神的化身，认为它们会从天国带来雨季和收成，还有死亡和重生。

与人为邻的鸟类

在人们居住的地方，也有一些鸟类筑巢居住。它们是与人类关系最为密切的鸟类。比如会在人们屋檐下筑巢的燕子、被人类认为象征吉祥如意的喜鹊、聚集在广场上觅食的鸽子等。它们是人类的特殊"邻居"。

燕子

燕子的体形比较小，翅膀又尖又长，尾巴像剪刀一样分开。其嘴巴一般扁而宽阔，张开的大嘴像个昆虫网，非常适于在飞行时捕捉昆虫。春天时燕子衔来湿泥和杂草，在屋檐下建造自己的爱巢。它们进进出出忙着哺喂雏鸟，与房屋主人友好为邻。秋天时，燕子父母会带着孩子一起飞向温暖的地方。燕子有很多种类，如家燕、金腰燕等。

家燕体长 17 厘米左右，身体为蓝黑色，头顶和喉部为棕红色，腹面为白色。它们喜欢在平原上的农民家中筑巢，冬天到南方过冬，属于候鸟。

雨燕

雨燕也称楼燕，体长 18 ~ 20 厘米，腿很短，4 个脚趾都向前，不适于在地面上行走。它们的翅膀尖长，静止时折叠的翅膀尖儿比尾巴还长。它们喜欢在山崖峭壁的缝中、高大建筑物的屋檐下或树洞中造巢。雨燕的飞行速度非常快，每小时可以达到 250 ~ 300 千米，是长途飞行速度最快的鸟。

金腰燕比家燕稍大一些，它们与家燕最明显的区别是腰部有金黄色的羽毛，主要在居民区活动。

喜鹊

喜鹊是中国人非常喜欢的鸟，被认为能带来吉祥和喜事。喜鹊平均体长约 46 厘米，身上披有黑白花衣。它们的头部为黑色，腹部为白色，翅膀和长尾巴都为黑色，飞羽上具有白斑。喜鹊停在树枝上时，尾巴常上下扇动，"喳喳"的叫声听起来非常欢快。喜鹊属于杂食性鸟类，吃植物的种子、嫩芽和果实，也吃昆虫、蜥蜴、蛇等小动物，有时还吃动物尸体。喜鹊属于留鸟，喜欢在城镇和村庄里的高树上筑巢，早春就开始繁殖。

乌鸦

传说乌鸦与喜鹊是"表兄弟"，但因为长相不美，叫声难听，乌鸦一直被人们当作灾难来临的象征。乌鸦长有一身黑羽毛，有些种类的脖子上缀有白色。它们喜欢成群栖息在高树上，"哇哇"的叫声很嘶哑。乌鸦吃植物种子、果实、昆虫、软体动物、鼠类或其他小型兽类，也吃动物尸体，能消灭大量害虫和老鼠，是人类的朋友，根本不会带来灾难。常见的乌鸦包括寒鸦、大嘴乌鸦、秃鼻乌鸦和渡鸦。

鸽子

　　鸽子也称鹁鸽，其祖先是野生的原鸽。早在几万年以前，野鸽成群结队地飞翔，在海岸险岩和岩洞峭壁上筑巢、栖息、繁衍后代。它们是最早被人类驯化的鸟类之一。鸽子站立时身姿挺拔，两眼炯炯有神。它们的眼球外环有一层瞬膜，平时开放，飞行时紧闭，可以用来防水、防尘和保护视力。鸽子的寿命一般为 10 年左右。

千里传书

　　鸽子的记忆力非常好，从不迷失方向。它们离巢远行很长时间后，仍能回来找到自己的家，因此人们用它们来传递信件。16 世纪阿拉伯人远道经商，都携带鸽子用以传书，与家人联系。第一次世界大战时期，也流传过鸽子冒着枪林弹雨传送情报，使被困联军获救的佳话。相传中国在秦汉时代，宫廷和民间已有人热衷于养鸽。唐代宰相张九龄曾让鸽子送信千里，即所谓"飞奴传书"。南宋皇帝赵构喜欢养鸽，"万鸽盘旋绕帝都，暮收朝放费工夫"的诗句至今脍炙人口。

树麻雀

麻雀

　　麻雀又叫家雀、老家贼，有许多种类，如树麻雀、山麻雀等，是中国平原和丘陵地带最常见的小型鸟类，体长约 14 厘米。麻雀的嘴又短又粗，呈圆锥形，适于啄食植物的种子。麻雀喜欢栖息在有人类活动的地方，常在房顶、屋檐下和树洞中筑巢。它们平时主要吃谷粒，冬天吃草籽，春天还会用昆虫哺喂小麻雀。

鸽子喜欢聚集在广场等开阔的地方觅食、嬉戏，与善待它们的人们友好相处。

CHAPTER 8

哺乳动物

哺乳动物通称兽类，是最高等的脊椎动物，因为刚一出生就靠母体的乳汁哺育而得名。除了单孔类动物是卵生的之外，其他哺乳动物全部都是胎生的。

哺乳动物的特征

作为最发达的动物种类，哺乳动物在方方面面都得到了进化。它们长有面颊，出现了口腔，能在口中咀嚼食物；它们的鼻子不仅用于呼吸，还有非常灵敏的嗅觉；它们对光感觉灵敏，并能分辨许多种颜色；它们头上的外耳壳多能灵活转动，能听到各个方向传来的不同声音。哺乳动物家族成员庞杂，有很强的适应能力，广泛分布在高山、海洋、草原、沙漠、极地等多种生态环境中。

海豹

猩猩妈妈带着孩子。

一群小猪挤着吃奶。

家庭教育

哺乳动物的妈妈对孩子抚育的时间较长，所以后代有较高的成活率。在妈妈抚育孩子的过程中，孩子可通过学习获得适应生存环境的技能。这种家庭教育是其他生物类群所缺乏的。

哺乳动物的肢体进化

为了适应生存环境，哺乳动物由原始哺乳动物适于在地面行走的五趾型四肢，进化出许多类型，例如：

马为了适应在开阔草原上奔跑的生活方式，四肢趾端变成了蹄。为了减轻四肢的重量，巨大的肌肉也位于其臀部，而不是四肢上。

鼹鼠的前肢有五爪，十分强健，是挖掘的有力工具。

灵长类动物的爪子类似人手，便于它们在树干上攀爬，使它们可以抓握树枝、采摘果子。

在水中生活的海牛类的后肢退化，前肢演变为鳍状，以便其更好地长时间在水中游动。

大小悬殊

哺乳动物各种类之间差异极大，在体形方面既有世界上最大的动物——约重 150 吨的蓝鲸，也有仅重数克的鼩鼱。

蓝鲸　　　　　鼩鼱

哺乳动物的牙齿分化

为了适应不同的生活方式，哺乳动物的牙齿有不同的类型，包括咬下食物的门齿、刺杀猎物的犬齿以及咀嚼用的前臼齿和臼齿。

草食兽类：啮齿类和兔形类发展出可终生生长的凿形门齿，以方便啃咬粗硬的树皮、坚果等；牛科和鹿科动物的上门齿消失，代之以厚的皮肤垫，便于扯断草茎；而不少草食兽类的犬齿也已退化消失，颊齿则演变为有效的研磨工具。

河狸的牙齿

肉食兽类：具有十分发达的犬齿，便于刺穿捕获的猎物。臼齿数量渐渐减少，由第四上前臼齿和第一下臼齿构成的裂齿是适于撕咬的工具。

狮子的牙齿

食蚁兽类：穿山甲、食蚁兽、土豚、针鼹等由于生活方式上的趋同，牙齿都极端退化，而演化出适于舔食蚁类的长且富有黏液的舌。

食蚁兽吐出长舌。

哺乳动物的身体构造

哺乳动物的身体一般可分为头、颈、躯干、尾和四肢 5 个部分。不论环境的温度如何改变，哺乳动物的体温总保持不变，所以它们也称恒温动物。完善的血液循环系统、隔热性能优良的体表被毛和其他体温调节的机制，为哺乳动物提供了稳定的内环境，减少了它们对外界环境的依赖。哺乳动物的另一个独有特征是身体表面一般都长有毛，脚上长有爪、蹄或趾甲，有些头上长角。哺乳动物长有汗腺、皮脂腺，在天气炎热时会出汗降温，并能分泌油脂，使皮毛滋润。另外，它们往往也长有乳腺和臭腺，用来分泌乳汁、恶臭的体液。哺乳动物的大脑很发达，它们一般都比较聪明，并对外界环境变化有很强的适应性。

单孔目动物

　　现存哺乳动物中最原始的一个群体，首推单孔目动物，它们是最原始的卵生类群。因泌尿、生殖和消化管道末端都通入泄殖腔，共同开口于外部而得名。单孔目动物包括鸭嘴兽和针鼹，仅分布于大洋洲。

鸭嘴兽

　　鸭嘴兽是最古老的哺乳动物，早在约 2500 万年前就出现了，被称为哺乳动物的活化石。它属于适应水陆两栖生活的兽类，分布于澳大利亚东南部，栖居于溪流和湖泊的岸边。

神奇的外形

鸭嘴兽体形小巧，与普通家猫差不多，体长 30 ～ 45 厘米，尾长 10 ～ 15 厘米，体重 1 ～ 2.3 千克。它们四肢粗短，五趾均具爪和蹼，前肢蹼尤其发达，是划水和调节体温的主要部件。它们大多时间都在水里，皮毛有油脂，能在较冷的水中为身体保暖。鸭嘴兽的嘴巴宽而扁，外观虽像鸭嘴，却比鸭嘴高级得多，其质地像皮革一般柔软，上面布满神经，能像雷达扫描器那样接收其他动物发出的电波，帮助鸭嘴兽在水中寻找食物、辨明方向。

奇妙的技能

鸭嘴兽是为数不多的有毒哺乳类动物，雄性鸭嘴兽的后肢有尖刺，可分泌有毒物质，人类被刺后会产生剧痛，甚至无法动弹。鸭嘴兽还有另一个奇妙的技能——电磁感应能力，它们是除了海豚之外，唯一具有电磁感应能力的哺乳动物。

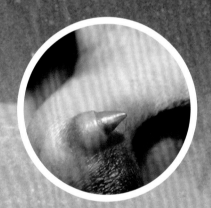

鸭嘴兽后肢上的尖刺

鸭嘴兽的洞穴

鸭嘴兽是游泳健将，常把窝建造在沼泽或河流的岸边，洞口开在水下。它们的洞穴有两种类型，一种是普通的居住洞，另一种是雌兽为繁殖而建造的深而复杂的巢洞。它们常在清晨或黄昏出洞活动，主要在水底觅食。

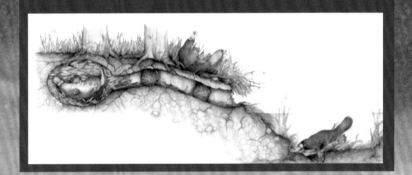

怪异标本引发的发现

200 多年前，第一批英国探险者从澳大利亚带回了一个奇怪的标本：身体像长满浓密皮毛的水獭，嘴巴如鸭嘴般宽大扁平，长着四只脚蹼，尾巴宽厚如河狸鼠。最奇怪的是这种动物能像爬行动物或鸟类那样产卵；卵孵出后，又能像哺乳动物般喂奶水给幼崽。科学家起初认为这种奇形怪状的混合物是恶作剧的产物。后来，经过多番争议和研究，科学家终于确认，这种奇异的动物属于卵生哺乳动物，并为之起名"鸭嘴兽"。

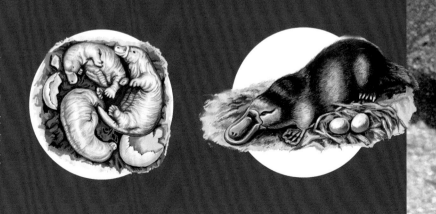

针鼹

　　针鼹又名刺食蚁兽，是除鸭嘴兽外仅存的一类单孔目卵生哺乳动物，分布于澳大利亚、塔斯马尼亚和新几内亚。针鼹适应食蚁生活，能用细长而富有黏液的舌来捕获蚁类，主要食物为蚂蚁和白蚁。它们栖息在多石、多沙和多灌丛的区域，住在岩石缝隙和自掘的洞穴中，黄昏和夜晚出来活动。针鼹还有冬眠的习性。

特别的繁殖习性

　　针鼹的繁殖习性很特别。雌兽会在交配后第 22 天左右把一枚具有革质壳的卵直接由泄殖孔产到育儿袋中，约 10 天后一个发育不全的幼崽破壳而出，体长约 12 毫米，重不到 0.5 克。它在袋中靠母乳生活约 2 个月，长出刺后会从袋中第二次出生，但此后它尚不能独立生活，妈妈出外觅食时，需要把它安置在一个安全的处所。

自我保护的妙招

　　针鼹的爪强而有力，适于挖掘。平时在地面活动时，一旦遇到危险，针鼹能很快挖洞藏身。紧急时，它们也会蜷成刺球状保护自己。针鼹虽有一定的视力，但主要靠听觉和嗅觉进行活动。

长嘴长舌好食蚁

针鼹长着一张管状的长嘴，鼻孔就开在长嘴巴的喙尖，舌头是针鼹的重要武器，可以伸出嘴外 30 多厘米，舌尖上还会分泌一种很稠密的黏液，可以用来粘食蚁虫果腹。据估计，针鼹一天可吃上万只蚂蚁、白蚁。它们的口鼻可以感受到十分微弱的生物电子信号，从而帮助它们敏捷地捕捉猎物。

针鼹与刺猬的区别

针鼹和刺猬都是哺乳动物，身上都长着坚硬的刺，外形差不多，都喜欢昼伏夜出，有冬眠习性。但它们也有很多不同之处：

分类不同。针鼹属于单孔目动物，而刺猬属于食虫目动物。

外形不同。针鼹没有牙齿，硬刺之间有毛；刺猬有牙齿，只有头、尾、腹面有毛。

"绝活儿"不同。遇到外敌，刺猬会把身体蜷成球状，然后静候敌人不耐烦地走开；针鼹则有锐利的爪子，善于掘土，遇到外敌就用爪子快速挖土，一口气可挖 1.5 米左右的深洞躲进去，就连穿山甲也不是它们的对手。针鼹后腿上长的爪子可用于打扫整理自身表皮，这种本领远超过刺猬。

育儿方式不同。针鼹卵生，雌性还有育儿袋来孵卵，一年一卵；刺猬胎生，年产崽 1～2 胎，每胎 3～6 崽。

刺猬

刺猬的体背和体侧满布棘刺，但头、尾和腹面长着毛。刺猬的嘴尖而长，牙齿尖锐，适于食虫。刺猬最为人熟知的习性是在受惊时全身棘刺竖立，蜷成刺球状，把头和四肢都藏在刺球里。刺猬分布广泛，栖息在森林、草原、农田、灌丛等环境中，昼伏夜出，取食各种小动物，兼食植物。刺猬能抗各种毒物，有舔各种物质后用唾液涂抹其刺的习惯。刺猬每年都要冬眠。

有袋类动物

有袋类动物的胎儿在还没有发育成熟的时候就出生了，然后在母体之外的育儿袋中完成发育。大多数有袋类动物都具有育儿袋——遮于乳头上方的一片皮瓣；但有的种类无此袋，仅有围绕乳头的皮褶；还有一些种类连这种结构也没有。现存的有袋类动物约 250 种，分布在大洋洲以及南、北美洲。

袋鼯

袋鼯身体两侧的脚爪之间由皮膜连在一起，张开似翅膀。它们可以从高树上跳下来，滑翔落地。

袋獾

袋獾是食肉有袋动物，血盆大口里长有 42 颗锋利的平齿，可以吞食猎物的任何部位。它们常昼伏夜出，通常以腐尸为食，也会猎食小兽、鸟类、蜥蜴等。它们叫声凄厉，打斗凶猛，被人们称为"魔鬼"。

袋狼

袋狼曾是最大的食肉有袋动物，身上长着与虎相似的斑纹，又名塔斯马尼亚虎。它们体形苗条，全长 100 ～ 130 厘米（包括 50 ～ 65 厘米的尾长），面似狐狸，嘴巴可以张到 180 度。袋狼为夜行性动物，夜间外出捕食沙袋鼠和鸟类。它们喜欢潜伏在树上，经常突然跳到猎物背上，一口将猎物的颈咬断。雌性袋狼的浅腹袋向后开口，它们每窝产 2 ～ 4 崽，幼崽在育儿袋中发育。袋狼起初只生活在塔斯马尼亚，后来广泛分布于新几内亚的热带雨林、澳大利亚的草原等地。因竞争不过引进的澳洲野犬，它们渐渐趋于绝迹。加上移居到塔斯马尼亚的欧洲人认为袋狼是对家羊的威胁，大量捕杀袋狼，1914 年后，袋狼就已非常罕见，如今人们认为它们已经灭绝。

袋熊

袋熊身体肥胖，圆头圆脑，行走起来酷似小黑熊并因此得名。它们四肢短而有力，爪子擅长挖掘泥土，食物有草类以及植物的根、球茎等。

袋鼠

　　袋鼠是澳大利亚著名的有袋类哺乳动物之一。它们身体的大小差异很大，体长 20～160 厘米，后肢比前肢明显强大，弹跳有力。它们以跳代跑，最高可跳到 4 米左右，最远可跳出 13 米左右，堪称跳得最高、最远的哺乳动物。袋鼠是食草动物，吃多种植物，有的还吃真菌类。它们大多在夜间活动，但也有些在清晨或傍晚活动。

袋鼠的种类

　　袋鼠是澳大利亚特有的有袋类动物。通常以群居为主，有时一群可多达上百只。袋鼠分为 9 个类群，即鼠袋鼠、兔袋鼠、甲尾袋鼠、树袋鼠、岩袋鼠、小丛林袋鼠、丛林袋鼠、新几内亚林袋鼠和大袋鼠。

① 袋鼠每年生殖
1～2 次。

永跳向前不后退

袋鼠是澳大利亚的象征物，代表永远往前跳、不会后退的进取精神，因此出现在澳大利亚国徽以及货币图案上。

知道多一点

袋鼠舞

袋鼠舞是大洋洲澳大利亚土著毛利人的一种舞蹈。源于捕猎生活，以模仿袋鼠的姿态为主。在盛大节日，土著首领和部落成员齐跳袋鼠舞。随着毛利文化的广为人知，这种舞蹈在整个大洋洲乃至世界部分地区流传开来。跳袋鼠舞现已成为澳大利亚人庆祝圣诞节的一项节日习俗和娱乐方式。圣诞节晚上，人们带饮料到森林里举行"巴别居"野餐，而后跳袋鼠舞直至深夜。

② 小袋鼠通常在妈妈受精30～40天后出生，此时胚胎发育尚不完全。小袋鼠出生后目不能视，须自己从产道口沿妈妈身体的表面移动到育儿袋内或乳头处。

③ 幼崽的前肢相对较大，便于它们抓住妈妈的毛蠕动到育儿袋。幼崽一进入育儿袋便含住乳头，乳头在其口内也胀大起来。

④ 幼崽在妈妈的育儿袋里吃奶长到六七个月，才开始短时间地下地学习独立生活，1年后会正式断奶，离开妈妈的育儿袋。

⑤ 幼崽断奶后仍在妈妈附近活动，一遇到危险还会跳回妈妈身边，紧紧抓住母体的被毛，以随时获取帮助和保护。经过三四年，袋鼠才能发育成熟。

树袋熊

　　树袋熊又名考拉，是澳大利亚东部桉树林中特有的原始树栖动物，长得憨态可掬，像毛绒玩具一样可爱。它们虽然名字叫熊，外表像熊，却并不是熊的亲缘动物，而是袋鼠的近亲。因为熊是有胎盘类哺乳动物，而树袋熊是有袋类哺乳动物。

睡不醒的"大懒虫"

　　考拉一天至少要睡 18 个小时左右。白天，它们抱着桉树的树枝睡个不停，睡醒后就在树上静坐，长此以往，它们的尾巴就退化成了"坐垫"。它们的前肢有强壮的爪子，可以抓住树干，通过跳跃的方式带动后肢向上爬。它们一生大部分时间在桉树上度过，只有需要在不同的树之间转移时，它们才在地上行走。它们总是倒退着从树上下来，屁股先着地。考拉性情温驯，行动迟缓，从不对其他动物构成威胁。它们反应极慢，被人用手捏一下，过很久才会发出惊叫声。

只吃桉树叶

　　考拉的食物很单一，它们只喜欢吃桉树叶，而且只吃老树叶和嫩枝，不爱吃新树叶。它们每日能吃约 1.3 千克树叶，体内有约 7 米长的盲肠来帮助消化树叶。它们的嗅觉特别发达，能轻易分辨出哪些桉树叶可以采食，哪些则是必须躲开的有毒树叶，还能嗅出同伴标记的警告性气味。由于长期吃桉树叶，它们的身体散发出一股桉树的味道，能驱赶讨厌这种气味的寄生虫，所以它们被称为"不生寄生虫的动物"。考拉脸部两侧有大大的颊囊，可以用于储存桉树叶。当颊囊装满树叶后，它们就用扁平的颊牙将其碾碎，然后吞食掉。考拉平时很少下地喝水，只从桉树叶中获取水分。在澳大利亚的土著语言中，"考拉"的意思就是"不喝水"。

濒危物种榜上有名

　　考拉只吃桉树叶，桉树又因不受法律保护而被大量砍伐，致使考拉数量骤减。2006 年，考拉被列入澳大利亚濒危物种名单。因为人类仍在不断地侵占它们的生存环境，还有不少人为了获得皮毛而捕杀它们，再加上传染性疾病的肆虐，考拉的数量在不断减少。

母子相依

考拉妈妈每次产 1 崽。幼崽会在育儿袋内生活长达约 7 个月，此后会伏在妈妈的背上，直到约 1 岁。用妈妈的粪便来断奶后，小考拉还会继续与妈妈一起生活，直至下一胎出生。

蝙蝠

  蝙蝠最早出现在大约 3500 万年前，是唯一一类演化出真正的飞翔能力的哺乳动物。它们的祖先并没有真正的翅膀，起初只是在树上跳跃着捕捉昆虫，后来渐渐进化出像翅膀一样的飞膜。蝙蝠的种类非常多，全世界共有 900 多种，除了南极和北极之外，蝙蝠几乎遍布全世界。

没有羽毛的"翅膀"

  蝙蝠的飞翼是进化过程中由前肢演化而来的。它们的脚趾末端有爪。除拇指外，它们前肢的各指都极长。有一片飞膜从它们的前臂、上臂向下与体侧相连，直至下肢的踝部。多数蝙蝠的两腿和尾巴之间还有一片两层的膜，由深色裸露的皮肤构成。蝙蝠的飞翼上面有许多小血管，可供飞行时散发热量，但不像鸟类的翅膀那样长着羽毛。

生态功臣

  某些蝙蝠吃果实、花粉、花蜜，而大多数蝙蝠则以昆虫为食。因此，它们在生态平衡中起着重要的作用，有助于控制害虫。蝙蝠每天出去觅食两次，一次在黄昏，另一次在黎明前。它们飞过河、湖、池塘，捕食蚊蝇。

白天，蝙蝠成群倒挂在大树枝上，晚上则外出觅食野果、花蕊。冬季时，蝙蝠会藏在洞穴中，甚至会冬眠。

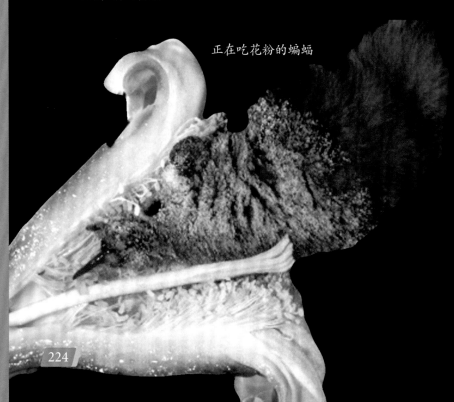

正在吃花粉的蝙蝠

吸血蝙蝠

  热带美洲的吸血蝙蝠凭借它们像针一般的牙齿，以哺乳动物及大型鸟类的血液为食。它们常常在晚上到处寻找正在睡觉的牛、马、羊等猎物。一旦发现猎物，它们就用牙齿咬破猎物的皮肤，用舌头舔食猎物的血液。这些蝙蝠有时会传播狂犬病。

正在吸血的蝙蝠

蝙蝠的体形大小差异极大。最大的蝙蝠——马来大狐蝠翼展可达 1.5 米左右。之所以叫"狐蝠",是因为它们的面部像狐狸面。

回声定位

蝙蝠是夜行动物,非常适合在黑暗中生活。它们的眼睛几乎不起作用,但它们分辨声音的本领很高。它们的头部具有发送和接收超声波的结构,能通过发射超声波并根据反射回的声波辨别物体。这种超声波人类是听不到的,但遇到物体后会反弹回来。蝙蝠用耳朵接收到反弹回的声波后,就会知道猎物的具体位置,从而前去捕捉。蝙蝠能听到的声音频率可达约 300 千赫 / 秒,这一点它们比人类厉害得多。

中华菊头蝠

中华菊头蝠是菊头蝠科的一种中型蝙蝠,常栖息于岩洞、废弃的隧道、树木的空洞等处。主要分布于中国、印度、缅甸、尼泊尔和越南。主要在夜间活动,以昆虫、植物为食,也会吸血。

马铁菊头蝠

马铁菊头蝠的鼻子形状奇特,上面不长毛,还有结构复杂的皮肤皱褶。这些皱褶能够用来收集声音的脉冲信号。虽然其他蝙蝠大多捕食飞虫,但马铁菊头蝠有时也会捕食地面上的猎物。

225

灵长类动物

灵长类动物是动物世界里进化程度最高的类群。它们大脑发达，两眼向前，有立体视觉能力。它们的拇指和其他四指相对而生，既有利于攀爬，又便于拿东西。大多数灵长类动物分布在亚洲、非洲和美洲的温暖地区，主要生活在热带和亚热带的森林中。不少灵长类动物过着群体生活，它们同吃、同住、同行。危险来临时，它们还会在首领的带领下，群起抵抗。猴和猿都属于灵长类动物。

猴

猴机敏活泼，能和许多动物交朋友，也能与人类和平相处。猴的种类很多。它们大都群居在树林中，吃植物的浆果。平时为了防止敌人袭击，它们中还有专门站岗放哨的"哨兵"，看见敌人来了，"哨兵"便会发出尖叫声，为整个猴群报警。

眼镜猴也叫跗猴。它们的身体只有松鼠那么大，却有着大大的眼睛，视力非常好。它们喜欢夜间活动，在树枝间能像青蛙一样跳跃。

川金丝猴分布在中国西南地区，大都生活在海拔 500～4100 米的森林里，多以树叶、野果、嫩枝为食。它们身披金黄（灰）色的长毛，毛长可达 20 厘米左右，而且毛质柔软，极其珍贵。它们的脸近似蓝色，鼻孔朝天。一般十几只或几百只一群，群内还有小群，像一个大家庭。各群之间有各自相对固定的活动范围。中国的金丝猴已为数不多，被列为国家一级保护动物。

蜂猴身体小巧，长着一对大眼睛，喜欢夜行。它们爱掏蜂巢，并由此而得名。与眼镜猴的动作敏捷相反，蜂猴行动迟缓，不会跳跃，因此它们又被称为懒猴。如果有风吹来，它们可以借助风的力量，抓住树枝攀荡到另一个地方；如果没有风，它们就只能始终停在一个地方。

豚尾猴也栖息在热带雨林中。它们头顶的毛很平，就像戴帽子时被压平了的头发，同伴间喜欢互相梳毛。它们的尾巴细而短，只有身长的1/4左右。

狒狒

尽管狒狒的长相很特别，可它们也是猴类的一种。狒狒只分布在非洲和阿拉伯半岛。它们多数已离开森林，生活在树丛、岩地和半沙漠地区。狒狒喜欢过群体生活。在它们生活的群体中，通常会有一个首领和几个副首领。白天狒狒会外出觅食，夜间则回巢休息。它们的食物有植物种子、蜥蜴及昆虫等。

227

猿

　　猿类主要栖息在热带和亚热带雨林中。它们的形态结构与人类最为接近，因此又被称为类人猿。猿与猴最大的区别是猿没有尾巴，没有颊囊。它们的前肢长于后肢，善于用前臂行走，而且手掌不着地，仅手指弯曲着地行走。

黑猩猩群居在非洲的热带雨林中。其身高 1.2～1.5 米，大脑和面部肌肉很发达，有喜怒哀乐的表情，还会使用简单的工具。因此，它们是目前已知的仅次于人类的最聪明的动物。在它们的群体中，有一个雄性黑猩猩作为首领。猩猩很有人情味，群与群之间能保持往来，母子之间也能长期保持关系，子女离群后还会回来探望母亲。

在猿类中，长臂猿的体形最小，动作最敏捷。它们利用双臂交替摆动，能轻握树枝腾空前进，一跃可达数十米远，而且速度非常快，能在空中抓住飞鸟。由于经常攀跃，它们的前肢特别发达，以至站立时前肢都能着地。

大猩猩在猿类中体形最大，身高可达近2米。它们栖息在非洲的热带雨林中，平时性情温和，发怒时双手捶胸，大声吼叫，但只是虚张声势而已。

猩猩就是我们平常说的红毛猩猩，是亚洲唯一的大猿，现在仅存于婆罗洲和苏门答腊岛雾气缭绕的丛林里。猩猩包括两个种类——婆罗洲猩猩和苏门答腊猩猩。雄性猩猩一般单独生活，雌性猩猩则是单独生活或与小猩猩生活在一起。猩猩喜欢在白天活动，大部分时间用于觅食，果实、嫩芽、树叶、树皮、花、鸟蛋、幼鸟、小型哺乳动物和白蚁等，都可以是它们的食物。猩猩臂力强大，除了虎、豹外，几乎没有其他天敌。

美洲三怪兽

犰狳、食蚁兽和树懒这三种动物共同组成了哺乳动物中的贫齿类，它们也被称为"美洲三怪兽"。

树懒

　　树懒是中、南美洲的特有物种。树懒可以分为三趾树懒和二趾树懒。三趾树懒共有4种，每足有3趾，可以将头转动270度；二趾树懒有2种，前足有2趾，但后足仍为3趾。树懒终年栖居在树上，是夜行性动物。它们喜欢用爪钩住树枝，然后倒挂身躯，在树上两臂交替地向前行进，主要以树叶、果实为食。因为不能行走，只能用爪费力地爬行，所以它们很少主动下地；一旦下地，它们容易被美洲豹和其他捕食者捕杀。树懒擅长游泳，若浸在水中，能比其他陆栖哺乳类存活更久。树懒背上毛发倒长，毛发上还附有绿藻，在树上时，为树懒提供了很好的伪装。树懒通常不发声，有时发出尖叫或嘶嘶声。它们的视觉和听觉不很发达，但嗅觉很灵敏。

犰狳

　　犰狳是一种地栖哺乳动物，与食蚁兽和树懒有近亲关系。它们上体两侧和四肢外侧常覆盖着骨板与鳞板，构成其保护躯体的盔甲。这一盔甲由几列可动的横带分成前后两部分，横带间由具有弹性的皮肤连接，犰狳因此可将身体蜷缩成球状，以防御天敌的侵害。犰狳分布在北美洲和南美洲，生活在森林或气候温暖而干旱的沙丘及仙人掌丛生的地方，以无脊椎动物（如昆虫、蜗牛、蚯蚓等）、尸肉、蛇及植物为食。

犰狳遇到危险时会快速团成一个球，
用周身"铁甲"保护自己。

防御大师

　　犰狳是自然防御能力最完善的哺乳动物之一，其防御手段可概括为"一逃、二堵、三武装"。它们逃跑的速度相当惊人，一旦通过灵敏的嗅觉和视觉发现危险，它们能快速挖洞，把自己的身体隐藏到沙土里；逃入土洞以后，其尾部的盾甲也会像"挡箭牌"一样紧紧堵住洞口；然后犰狳会把全身蜷缩成"铁甲"包围的球形，让敌人想咬也无从下口。

大食蚁兽

　　大食蚁兽是穿山甲的"远房亲戚"，它们有着奇特的外形：小小的眼睛和耳朵，没有牙齿，嘴巴也只是头前部长长的管状部分末端的一个小孔。最奇特的是，它们那条富有黏液、能够伸缩自如的舌头居然长达 60 厘米左右。大食蚁兽白天常找一个隐蔽的地方睡觉，到傍晚才出来觅食。蚂蚁、白蚁和昆虫都是它们的食物。大食蚁兽发现蚁巢后，先是深嗅一阵，选好恰当的位置，用巨爪在蚁巢上挖一个洞，然后将柔韧而富有黏液的长舌伸入洞中舔食蚁类。食蚁兽能在 1 分钟内将舌头插入和抽出蚁巢达 160 次左右。

御敌之法

　　大食蚁兽在遇到危险时，会用十分丑陋的疾走步法遁逃；或者用尾部支撑身体，立地而坐，用坚强有力的锐爪威胁或反击侵犯者，同时口中还不断地发出一种奇特的哨声，用来震慑侵犯者。

啮齿动物

啮齿动物是哺乳动物中种类最多的一类，全世界现存的啮齿动物有 1000 余种。它们也是分布范围最广的类群，从赤道热带到极地冻土，从沿海的茂密森林到大陆腹地的沙漠戈壁，从低于海平面 150 米的盆地到海拔 4000 米以上的高山草甸，从地下或深水中到高达几十米的树冠上，都有它们的身影。啮齿动物大多为穴居性种类，多数种类取食植物，有些也吃动物。

磨牙族

啮齿动物因为擅长啮咬东西而得名。它们的上、下颌只有一对门齿，门齿无根，能终生生长。它们必须经常啮咬硬物，以控制门齿的长度。它们的下颌关节突与颅骨的关节窝连接得比较松弛，因此既可前后移动，又能左右错动；既能压碎食物，又能碾磨植物纤维。

水豚

鼹鼠

爱打洞的"地下分子"

啮齿类动物善于利用洞穴作为自己的隐蔽场所，以躲避天敌，保护幼崽，贮存食物，适应不良的气候条件。有的啮齿类动物善于在地下挖掘比较复杂的洞道和巢穴。啮齿类动物体形大多短粗，头大颈短，四肢与尾都短，爪粗壮而锐利，肌肉强健。这是能够适应各种各样的生活环境的一种进化形态。

生活习性

多数啮齿类动物在夜间或清晨、黄昏时分活动，也有些在白天活动。它们生活的季节性变化比较突出，冬季活动量一般减少。在降雪地区，有些种类会在寒冷季节来临之前，在体内贮存大量脂肪，以供蛰眠期间机体的消耗。由于冬季缺乏食物，一些种类从秋季就开始储存食粮。

仓鼠口中生有临时储存食物的颊囊。

低山森林中的豪猪是攀爬高手，它们也属于啮齿动物。

花鼠喜欢吃种子、浆果和柔嫩的植物，有时也吃肉。它们常用宽大的颊囊把种子运到地下，储备起来，以供食用。

鼢鼠

由于长期在地下活动，鼢鼠、鼹形鼠的耳、眼已经退化了许多，但它们前肢的爪和趾却很强大，具有惊人的挖掘能力。

河狸

河狸是除了水豚之外的第二大啮齿动物，喜欢栖息在寒温带针叶林和针阔混交林林缘的河边。河狸是穴居动物，能游泳和潜水，身体肥大，脂肪层厚，绒毛厚密，不怕冷水浸泡。它们的四肢短宽，后肢粗壮有力，后足趾间生有全蹼，适于划水；尾巴也比较大，上下扁平，并覆有角质鳞片，在游水时起舵的作用。它们眼睛小，耳孔也小，耳朵里有瓣膜，而且外耳能折起，游泳时有很好的防水作用，它们的鼻孔中也有防止水流灌入的肌肉结构。

牙齿粗大

河狸共有 20 枚牙齿，门齿异常粗大，呈凿状，能咬断粗大的树木；臼齿的咀嚼面宽阔而具较深的齿沟，从后向前，咀嚼面一个比一个大，便于嚼碎较硬的食物。它们通常以鲜嫩的树皮、树枝及芦苇为食。

被河狸啃咬的树木

河狸的牙齿

后足趾间有蹼。

土木建筑

河狸有着非凡的设计理念和建筑本领，一对锋利的前爪善于挖掘，因此被称为动物界的"土木建筑工程师"。河狸的洞穴有永久性和临时性两种。临时性洞穴是为进行短距离迁移时修筑的简单洞穴。永久性洞穴则是它们越冬、繁殖的场所，结构比较复杂，一半在陆地上，另一半则深入到水下，水中部分和地上部分都有许多出口，房子的上面还有透气道。河狸会用树枝或石块把洞穴露出水面的部分掩藏好，让自己的家就像从外面找不到入口的坚固小城堡。在洞穴的水下部分，河狸会建造两层式的房子，而且还会划分出婴儿室、储藏室、卧室……整个家仿佛是一个豪华的水下宫殿。

拦河筑坝

为了保持生活区内水位的稳定，河狸常常不断地用树枝、石块和软泥等材料垒成长达数十米的堤坝，以阻挡溪流的去路，使水流汇合成池塘，甚至成为湖泊。有时河狸还能挖几十厘米宽的沟渠，以便运送木头和树枝。它们平时有贮藏食物的习性，常将鲜嫩树枝和树皮等食物用石头压在水底，以免丢失或被水冲走。秋末冬初时，它们会大量贮存食物，以供越冬食用。

猫科动物

　　狮、虎、豹都是大型猫科哺乳动物。猫科动物的特点是有肌肉结实的身体，有能帮助身体保持平衡的长尾巴，有善于奔跑、健壮有力的四肢，还有锐齿和利爪。这些特点都有助于它们猎食。

虎

　　虎全身长满金黄色或橙黄色的毛，有的种类前额有"王"字形的斑纹，显得威武、勇猛，因此被人们称为"林中之王"。虎经常在黎明和黄昏时出来活动，它们的嗅觉和听觉要比视觉灵敏很多。捕食时，它们会悄悄地潜伏在树丛中，等猎物靠近时突然跃起发动袭击。虎的踪迹曾遍布全中国，但现在数量越来越少了，东北虎和华南虎正处于灭绝的边缘，因此已被列为国家一级保护动物。

西伯利亚虎

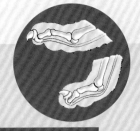

猫科动物奔跑时，爪伸在鞘外，就像人赛跑时穿钉鞋一样。平时走路时，大部分猫科动物的爪都缩在鞘内，只有猎豹除外。

周围光线暗时，瞳孔变圆、变大。

周围光线强时，瞳孔缩小。

猫科动物都有一对易感光的眼睛，在感受到不同光线时，它们的瞳孔会发生变化。

狮子

狮子居住在非洲的疏林草原地带，是世界上唯一一种群居生活的大型猫科动物。一个狮子家庭里有雄狮、雌狮和幼崽。雄狮是狮子群体的中心，它们长有鬃毛，看上去威风凛凛。狮群以尿液或吼声来划分各自的生活领域。狮子通常白天休息，到傍晚才出来捕猎。它们的捕食对象主要有羚牛、斑马、非洲水牛等。

狮子在捕猎。

知道多一点

都说老虎和狮子是兽中之王，到底谁更厉害？

让我们比较一下吧。老虎身长 1.4～2 米，个头儿硕大，捕食野猪、鹿、羚羊等动物。动物学家按老虎的栖息地把老虎分为三种：生活在亚洲的西伯利亚和中国东北的东北虎，生活在中国长江以南的华南虎，生活在印度和印度尼西亚的孟加拉虎。狮子生活在非洲的疏林草原和亚洲西部。狮子中的雄狮身体长达 1.7～1.9 米，从头到颈部有长长的鬃毛；雌狮子比较小，不长鬃毛。狮子捕食羚羊、斑马、长颈鹿等动物。由于老虎和狮子各自的栖息地距离遥远，它们又不会开车，也不会飞，靠它们自己是根本碰不到一起的。所以自然界中老虎和狮子只能各自称王，说不上谁比谁更厉害。

豹

　　豹是陆地上跑得最快的一类猛兽，在世界上分布范围很广。它们的适应性很强，在海拔约 3000 米的高山、零下 30 摄氏度左右的雪地，以及热带雨林中，都能发现它们的踪迹。豹有发达的肌肉和矫健的四肢。许多跑得很快的中小型动物，如鹿、野猪、兔等，都是它们的猎物。

猎豹

　　猎豹最突出的特征是两颊有两道看似眼泪的黑痕。它们的头部较小，因此颌的力量不足，只能咬住猎物的喉咙使其窒息，而不能"秒杀"猎物。猎豹是陆地上的短跑冠军，奔跑速度可与轿车相媲美。

花豹

花豹身体较壮硕，头部较大，皮毛上的斑点像中国古代的铜钱，因此又称金钱豹。花豹犬齿较长，可以一击杀死猎物。它们四肢有力，爪子可完全缩回脚掌内，善于爬树。

云豹

云豹是豹中体形最小的，因为身体两侧有 6 个云状的暗色斑纹而得名。其犬齿长而锋利。它们在夜间活动，善于爬树，常从树上跃下捕食猎物。

黑豹

黑豹并非特定的物种，而是指几种豹中，总会发展出一些颜色有异于原有颜色的黑化个体，在阳光照耀下依然能看到豹独有的斑纹。

雪豹

雪豹因常在高原的雪线附近和雪地里活动而得名。它们的皮毛为灰白色，上面有黑色点斑和黑环。与其他豹相比，雪豹的明显特征在于它们的尾巴相对长而粗大。雪豹敏感而机警，喜欢在夜间单独活动，现已成为濒危珍稀动物。

犬科动物

犬科动物是体形中等的肉食者，它们四肢细长，善于奔跑；面部较长，吻端突出，犬齿粗大。它们有着灵敏的视觉、嗅觉和听觉，是天生的捕猎高手。它们在地面上生活，不会爬树，但能游泳。

豺

豺又名豺狗，全身呈赤棕色，因此又叫红狼。它们特产于亚洲东部，栖居于从针叶林到热带雨林的广大地域中。豺的听觉和嗅觉极发达，行动快速而诡秘。它们性情凶猛，胆子很大，经常组成 3～5 只的小群或 10～20 只的大群一同出没，群豺能够联合起来虎口夺食。豺群是纪律最严格、组织最严密、等级最森严的兽群之一。豺群里有豺王、大公豺、母豺、兵豺、幼豺、保姆豺、老豺之分，还有随时准备为群体牺牲的苦豺，整个豺群就像一个完善的军事化组织。

非洲野狗

　　非洲野狗也叫非洲野犬，是唯一一种前脚没有拇指的犬科动物。非洲野狗皮毛上的斑纹各不相同，一般有黑色、白色和黄色等颜色，所以个体很容易辨认。它们活跃在草原和开阔的灌木丛中，过着群体生活，用尿液标示族群的领地。它们善于合作，由雄性首领带领，在领地内游猎。

赤狐

　　赤狐就是人们一般所说的狐狸，也称草狐。它们分布于北半球除热带以外的一切地区，出没于森林、草原和丘陵等地，穴居在树洞中，或侵占野兔、獾的土穴，将其作为自己的栖身之地。赤狐多在夜晚觅食小型兽类、鸟类及野果。它们嗅觉灵敏，行动敏捷，狡猾多疑，身上散发着狐骚臭。

北极狐

　　北极狐分布于亚洲、欧洲和北美洲在北极圈以内的地区，以及阿拉斯加和西伯利亚等地。它们有白色和浅蓝色两种色型。

狼

　　狼是分布广、适应性强的一种犬科动物，通常是 50 只左右为一群，栖息于山地、林区、草原、荒漠、半沙漠、冻原等环境中。它们生性残忍，常采用穷追的方式获得猎物，多在夜间活动，主要以鹿类、羚羊、兔等为食，有时也吃昆虫、野果或盗食人类饲养的猪、羊等。在食物极度缺乏的情况下，它们甚至还会伤害同类。狼会依照地位的高低顺序来进食，还会抚养幼狼到成年。在繁殖期，狼常常发出凄厉的长嗥，以吸引异性。

灰狼

灰狼是犬科动物中体形最大的野生动物。它们凶悍残忍，生活的区域广，对环境适应的能力相当强。

郊狼

郊狼与灰狼是近亲，体形较小，跟家养的牧羊犬差不多。它们尾巴的长度是其身长的一半。郊狼喜欢和獾一起在草原上活动，獾用有力的前爪挖开草原土拨鼠的洞穴，郊狼则将土拨鼠捕获并杀死，然后留下一些土拨鼠的残骸给獾。

北极狼

北极狼又称白狼，全身呈灰白色，只有头和脚呈浅象牙色，这是它们在冰雪地带完美的保护色。它们的毛比生活在南方的狼更加浓密，能够忍受零下 55 摄氏度左右的低温。北极狼的耳朵小且圆，这样有助于其保持体温。

赤狼

赤狼与灰狼相比体形较瘦小，且毛色较红。野生的赤狼已因人类的捕杀而灭绝。

狼喜欢在夜里对着月亮嗥叫吗？

狼习惯于在夜间活动，它们在夜里嗥叫，一般是为了传递信息，如召唤群狼集结外出觅食，彼此间交换信息，寻找配偶，或是母狼召唤幼狼等。除了成年的狼，幼狼在饥饿时也会发出尖细的叫声。"孤狼啸月"的场景出自人们的想象。之所以有这种说法，是因为人一般只能在月光下看到狼凄厉长嗥的景象。

熊

　　熊是陆地上的大型杂食类动物，主要生活在温带和寒带地区。人们常用熊来形容笨拙，如"笨得像狗熊"，这是因为熊身体肥胖，四肢粗短，看上去笨头笨脑的。其实，熊并不笨，它们不仅会游泳、爬树、奔跑，还能像人一样站立行走。熊有肥胖的身躯，身体强壮有力，走起路来一摇一摆的。它们的眼睛很小，鼻子很突出，主要靠嗅觉和听觉来感受外界环境的变化。熊掌上长有 5 个坚硬的、不能伸缩的趾爪，可以用来挖洞、爬树、与敌人搏斗、捕获食物等。许多熊喜欢单独生活，它们有自己的生活领地，并喜欢夜间出来活动。在有熊出没的乡村，常有熊跑到人类的家里偷东西吃。

黑熊

　　黑熊的视力较差，因此在中国北方有"黑瞎子"之称。黑熊栖息在山林之中，有爬树的本领。生活在寒带的黑熊，每年 9 ～ 11 月便开始大量吃喝，储备能量，然后躲进干燥的树洞或岩洞里开始冬眠，直到第二年的 3 月才会醒来。亚洲黑熊的喉部长有"V"字形的白毛。它们的活动范围很广，但没有特定的领地，常以搔抓树木或撒尿的方式为自己的活动范围做标记。

棕熊

　　棕熊虽然看起来既胖又笨，但行动非常敏捷，跑得很快。在特殊情况下，它们也能爬树。棕熊的食物种类很多，属杂食性动物。秋天，棕熊会捕食河中的鲑鱼，为身体储存脂肪，准备过冬。秋天将要结束时，它们还要寻找适合的洞穴作为越冬场所。越冬期间，棕熊会生下 1 ～ 2 个熊崽。生活在北美洲西部森林里的棕熊又称北美灰熊，它们是棕熊中脾气最暴躁的一种，具有较强的攻击性，而且力气非常大，能把猎获的鹿或美洲野牛等轻易地搬运走。

冬眠

冬眠期间，黑熊不吃不喝，每隔一段时间会醒来晒晒太阳，以提高体温。怀孕的黑熊会在冬眠时产下 1～2 个熊崽，然后迷迷糊糊地养育幼崽，直到第二年春天醒来。

熊的前脚能像人的手一样握东西、采集果实，还能像铲子一样掘洞。

熊的后脚主要用来行走，与前脚相比，显得短而宽。

白熊

熊类中体形最大的是白熊。白熊栖居在冰天雪地的北极，因此又叫北极熊。成年的雄性白熊，身长可达约 3 米，重 370～400 千克，浑身长毛为透明的，能反射太阳照在冰雪上的光，使其呈现出乳白色。它们脚掌肥大，掌下也长着毛，既保暖，又可防止在冰面上滑倒。白熊性情凶猛，擅长游泳。它们看似行动缓慢，其实跑起来比人快得多。

懒熊

懒熊是一种小型熊类，主要分布在印度和斯里兰卡等地，以森林中的白蚁等昆虫为食。懒熊的毛长而厚密，胸前有"V"字形的白毛。它们的嘴呈筒状，这有利于它们获取食物。懒熊吃白蚁前，会先用嘴吹去蚁巢上的尘土，然后将长筒状的嘴伸到巢中去吸食白蚁。

马来熊

马来熊体形较小，主要分布在马来半岛、苏门答腊等东南亚地区的森林地带。它们能在约 7 米高的树上筑巢，白天在树上睡觉，夜里出来活动。马来熊的舌头很长，特别喜欢吃蜂蜜。

大熊猫

　　大熊猫为中国所独有，是国家一级保护动物，享有"国宝"之美誉，曾作为友好使者远赴日本和欧美国家，其可爱的形象博得了世界人民的喜爱。世界野生生物基金会也选用了大熊猫的图案作为会徽。大熊猫的家族非常古老，和大熊猫出现于同一时期的哺乳动物，许多早已灭绝了，而大熊猫却一直生存到今天，因此它有"活化石"之称。大熊猫身体肥胖，身上的毛色黑白分明，眼周、耳、前后肢和肩部为黑色，其他部分都是白色。成年大熊猫身长约 1.5 米，体重可达 100～180 千克。

大熊猫的生活环境

　　大熊猫十分稀少，现在仅存有 2000 多只，而且只分布在中国四川省西部、陕西省和甘肃省的南部地区。这些地方海拔 2000～3000 米，多雨潮湿，是大熊猫的主要食物——箭竹的生长地。这些地方竹林茂密，最密的地方每平方米有几十株甚至 100 多株箭竹，为大熊猫的生存和繁殖提供了丰富的食粮。此外，这些地方夏天气温在 30 摄氏度左右，冬天则为零下 10 摄氏度左右，特别适合既怕冷又怕热的大熊猫生活。大熊猫对竹子的特殊依赖性，使它们的生存面临着危机。因为箭竹一旦大面积开花、枯死，它们的食物来源就断绝了。为此，中国专门为大熊猫建立了自然保护区。

大熊猫每胎产 1 崽，偶尔也产 2 崽。大熊猫妈妈非常疼爱孩子，孩子 2 岁前从不让它离开自己，外出时也会驮着孩子。

刚出生的大熊猫幼崽非常弱小，只有 90 ~ 130 克重，身长只有十几厘米，像个小肉蛋，只有稀稀疏疏的白色胎毛，眼睛也睁不开。

长到约 1 个月后，幼崽的毛色才有成年的样子。

大熊猫的生活习性

大熊猫一般生活在箭竹林里，平时很少上树，但它们爬树的本领非常高超，遇到危险时，常到树上去躲避。冬季它们不冬眠，常在冰雪下觅食。其自卫能力很弱，听觉、视觉都很迟钝，嗅觉稍好些。春季是它们求偶的季节，其余时间它们都独自生活，有自己相对稳定的活动范围。

大熊猫的繁殖

大熊猫的繁殖很特殊。它们对配偶很挑剔，有明显的选择性。出生后的幼崽发育很缓慢，半岁多才开始独立进食，六七岁后进入成熟期，一生的自然寿命只有 25 ~ 30 年。由于大熊猫的器官功能比较原始，感觉迟钝，繁殖存活率低，只有 50% ~ 70%，再加上它们对生存条件要求严格、依赖性也强，所以它们现在面临着灭绝的危险，成了全世界珍稀动物中的重点保护对象。

刚 6 个月左右，大熊猫幼崽就能爬树了。

大熊猫的食物

在远古时代，大熊猫是食肉动物，后来在进化过程中，逐渐转变为以吃植物为主。如今的大熊猫是杂食动物，在自然界中，大熊猫可吃的食物有四五十种，但它们最爱吃的还是竹子。因为大熊猫消化食物的能力不强，所以要靠多吃来吸收足够的营养。大熊猫一天可吃 20 多千克的竹子。不仅竹子的营养能被它们吸收，吃进去的竹纤维还能像扫帚一样，把它们体内的垃圾打扫出来。

小熊猫

小熊猫又名九节狼，是浣熊科动物，比大熊猫小很多，属于杂食动物。它们主要分布在中国四川、西藏、云南等地，生活在海拔 1500 ~ 4000 米的亚高山丛林中。在尼泊尔、缅甸北部的高山森林中，也有小熊猫生活。小熊猫生性温驯，平时几只结成小群活动，善于攀爬，喜欢在细树枝间睡觉。它们一般在中午和夜间睡觉，早晨和傍晚到外边去觅食。它们的食物以果实和根、茎为主，偶尔也吃小鸟和鸟蛋。

长到 6 ~ 7 岁时，大熊猫就进入了成年阶段。

非洲草原上的迁徙大军

　　每年5～6月，随着旱季的到来，东非坦桑尼亚大草原上的青草即被消耗殆尽。为了生存，角马、瞪羚、斑马等数百万的食草动物会从坦桑尼亚塞伦盖蒂国家公园北上，一路逃过狮子、猎豹、鳄鱼、豺狗等天敌的伏击与追杀，经过长达3000多千米的艰苦跋涉，来到肯尼亚境内的马赛马拉国家公园自然保护区。10月，塞伦盖蒂的草原在雨水的滋润下开始返青，马赛马拉又闹起了粮食饥荒，动物们便会再从马赛马拉迁回塞伦盖蒂。12月，它们会回到各自的故乡，繁殖后代，为种群补充数量。斑马、角马与羚羊，是迁徙的主力大军。

角马的迁徙过程中危机重重：狮子、猎豹等在日落黄昏后会伺机直扑弱小或者落单的角马；秃鹫、鬣狗也严阵以待，准备着分一杯羹；马拉河中的鳄鱼虎视眈眈，时常会上演惊心动魄的水中猎食大战。几十万只动物宝宝降生在迁徙途中，但很多都活不到1岁，只有健壮又幸运的宝宝才能躲过猎杀，生存下来。

角马

角马又称牛羚，是一种生活在非洲草原上的大型羚羊，雌雄都有角，分为白尾角马和斑纹角马两种。角马看上去十分凶猛，实际上并不会主动伤人。

逐草而生

角马是东非数量最多的牧食性野生动物。它们常结成5～15只的小群活动。有时它们还会由小群联合成百只以上的大群，由几只成年雄角马率领，在开阔的草原上以草及灌木为生。角马几乎总在迁移，寻找雨后返青的草地。

斑马身上的斑纹并不完全相同。

瞧这暴脾气

角马发现危险后会腾跃、以蹄搔地、以角刺地、剧烈甩动尾巴。如果敌害再接近一些，它们则会喷鼻息，并转身向后猛冲几步，然后再转身冲向来犯者，并重复以上动作。

"混编"部队

斑马视力好，听觉灵敏，较为警觉；角马则嗅觉发达，是寻找水源的能手。所以斑马与角马常组成混合群，相互取长补短，合作共赢。

斑马是有白条纹的黑马，还是有黑条纹的白马？

斑马身上的黑白条纹在阳光或月光的照射下，吸收和反射的光线各不相同，能使斑马的身体轮廓变得模糊，远远望去，它们同周围环境非常相似，很难区分，从而起到保护作用。斑马到底是白底黑纹还是黑底白纹这个问题，人们争论了很多年。白色的腹部能说明它们是有黑条纹的白马吗？有科学家认为，斑马很可能是长着白条纹的黑马。皮毛颜色较深的马的祖先，身上带有颜色较浅的斑点，而这些斑点最终会在某些种类的马身上融合，形成条纹。斑马的黑色"衬底"上常有一些白色的斑点，可能就是未形成白色条纹的斑点，成为这一说法的例证。

斑马

斑马为非洲特有的动物，因身上有起保护作用的斑纹而得名。斑马是食草性动物，消化能力比较强，能吃灌木、树枝、树叶以及树皮，胜过其他许多食草动物。

羚羊大家族

羚羊的种类很多，著名的有非洲的黑斑羚、跳羚、水羚、瞪羚，亚洲的高鼻羚羊、藏羚羊、阿拉伯大羚羊，北美的叉角羚等。它们大都生活在开阔的平原或者山地，常常成群活动。大多数羚羊雌雄都有角。羚羊的弹跳力非常棒，奔跑速度很快。

非洲扭角大羚羊

非洲扭角大羚羊喜欢栖息在开阔的草原或有灌丛和稀疏树林的地区。它们比水牛还要高大强壮。雌雄非洲扭角大羚羊都有角，但雌性的角较细长，可达 1 米以上；雄性的角一般则不超过 90 厘米。它们虽然个子很大，但性格胆小怯懦，易于驯服。

象

象是陆地上最大的食草动物。成年象体重达 3～7 吨。在遥远的古代，象的种类很多，除大洋洲和南极洲之外，象曾经遍布所有的大陆，后来大部分种类的象灭绝了。现在世界上幸存的只有亚洲象和非洲象，非洲象包括非洲森林象和非洲草原象。象的突出特征是头大、鼻子长，多数还露出两颗长长的门牙。它们的食量很大，为了满足庞大身躯所需的能量，它们一天要吃 180～270 千克的食物。象的食物包括树叶、嫩树枝、树皮、果实，以及植物的根和地下茎等。

亚洲象的鼻头

亚洲象

非洲象的鼻头

亚洲象和非洲象的区别

亚洲象个头儿小，身长 5.5～6.4 米，身高 2.2～3.2 米；额头有两个隆起，鼻尖上端有指状突起，耳朵较小，雌象的门牙一般不伸出嘴外；全身背部最高，前足有 5 趾，后足有 4 趾。亚洲象性情较温驯，很早就被作为家畜饲养。非洲象个头儿大，身长 6～7.5 米，身高 2.4～4 米；额头扁平，鼻尖上下都有指状突起，耳朵较大，雌雄都有伸出的象牙；全身头部最高，前足有 4 趾，后足有 3 趾。非洲象一般性情比较暴躁，没有被真正驯化过的记录，很少被作为家畜饲养。

非洲象

知道多一点

为什么公象有长长的象牙，而母象没有？

并不是所有的母象都没有长象牙，非洲的母象就长有长长的象牙。只有亚洲的母象没有长象牙。长长的象牙是大象的门牙，它们终生生长，越长越长，最后突出到嘴外，就是我们见到的长象牙。亚洲母象的门牙一般不伸出嘴外，所以我们看不到亚洲母象的长象牙。象的长牙是它们自卫和打斗的武器，也是推倒大树取食高处树叶的工具。

多功能的象鼻子

象的长鼻子柔韧而肌肉发达，具有缠卷的功能，是象自卫和取食的重要器官。它能帮助象从树上摘取树叶和果实；能吸水喷洒在身上洗澡；也能吸起沙土喷洒在身上，除去身上的寄生虫，或者用沙子抵挡蛇的攻击。象鼻子的末端有指状突起，能感知物体的形状，并能拿起细小的物体。象能帮助人做好多事情，它们的嗅觉也很灵敏，能探知地下水的位置。

大象常用这种方式交谈。

象用鼻子和牙搬运树木。

象鼻也可以驱赶蚊虫。

象用长长的鼻子喝水。

小象的成长

象和人类一样都是胎生动物，但象的怀孕期比较长，要经过 22 个月。刚离开母体的小象，体重约能达到 120 千克。小象一生下来就能吮吸母亲的乳汁。在最初的几个月里，小象只吃母乳，半岁之后，它们才逐渐从妈妈嘴里接过青草来吃。象妈妈照看幼崽的时间比其他哺乳动物要长得多，象妈妈与幼象在一起生活的时间长达 10～12 年。

犀牛与河马

犀牛与河马都是大型食草动物，它们皮肤很厚，所以又叫厚皮动物。它们从表面上看很笨拙，但被激怒时会非常凶猛，连狮子和老虎都不敢惹它们。

凶猛的犀牛

犀牛身躯庞大，体长 2.2 ～ 4.5 米，肩高 1.2 ～ 2 米，体重 2800 ～ 3000 千克。它们的皮肤厚且粗糙，视力很差，连几米以外的树和动物都看不清，但却能依靠极灵敏的听觉和嗅觉，对其他动物发动猛烈的攻击。非洲的黑犀牛和白犀牛生活在草原上，其他犀牛则生活在亚洲的丛林中。

炎热的夏季，白犀牛喜欢在浅水里滚上一身泥浆，这会让它们感到非常凉爽。用泥巴覆盖全身，还可使它们避免蚊虫的叮咬。

印度犀牛

犀牛角

犀牛的角长在鼻梁上。和人的指甲、头发一样，犀牛角由角蛋白构成，如果被折断，可在两三年内重新长出来。

笨重的河马

　　河马是淡水中最大的哺乳动物，也是巨大的陆栖动物之一。它们体长约 4 米，肩高约 1.5 米，体重约 3000 千克。因为它们的身体太重了，在陆地上走动时，腿会很累，所以它们总是在水中活动。它们一般不吃水中的植物，而是在夜幕降临后到岸上吃草。河马的嘴巴非常大，能占整个头的 2/3 以上，它们的门牙和犬齿也都很长，可达 10 多厘米。河马的眼睛和鼻孔突出于面部，所以河马不用把整个头抬出水面，就能呼吸和看到周围的情况。河马的耳孔可以关闭，以防止潜入水中时水灌进耳朵。它们身上的毛也很少，可减少它们在水中行动的阻力。

红色的汗

　　河马在陆地上感到热时会出汗，这能保护它们的皮肤不干裂。河马排出的汗液含红色色素，经皮肤反射后显现为红色，所以有河马出"血汗"的说法。这些红色色素是河马体内有机酸代谢的产物，被称为"河马酸"。河马酸有防晒的功能，还能抑制绿脓杆菌和克雷伯氏肺炎杆菌的生长，减少河马因受伤而感染病菌的概率。

抖起水花是河马警告敌人的一种信号。

小河马一出生就会游泳。

两只河马为争夺地盘，会张开大嘴互相威胁、撕咬，直到一方屈服败退。

鹿

　　鹿的种类很多，世界各地都有分布。由于居住地区不同，鹿的大小、毛色以及鹿角的形状都有很大的差异。鹿一般生活在森林中，也有些鹿生活在苔原、荒漠、灌木丛和沼泽地带。鹿是典型的食草性动物，食物有草、树皮、嫩枝和幼树苗等。

白唇鹿

　　白唇鹿的唇部长着一圈白色的皮肤。它们是中国特有的鹿种，被列为国家一级保护动物，主要分布在青藏高原、四川西部和祁连山地区。白唇鹿的毛长且硬，保暖性非常好，这使白唇鹿特别适宜在高原寒冷地区生活。平时它们以小群聚居，繁殖季节便合成大的群体。为了寻找食物，它们能进行长距离的迁徙。

梅花鹿生活在森林边缘和山地草原，它们在早晨和黄昏时结成群，而白天分散活动，以青草、树叶、蘑菇为食，跑得非常快。

驯鹿

　　驯鹿大多栖息在北极地区。在中国大兴安岭西北坡，一些少数民族也有放养驯鹿的习俗。驯鹿体形较大，冬天全身长有厚而密的粗毛，非常耐寒。驯鹿圆大的蹄子四周也生长着密密的刚毛，便于它们在雪地里行走。雌雄驯鹿都长着树枝一样的大角，幼鹿出生一周后即开始长角。人工放养的驯鹿能作为运输畜力使用。驯鹿拉的雪橇是北极地区人们出行的重要交通工具。

麋鹿

麋鹿虽然俗称"四不像"，但它们其实是"四像"，即头像马，角像鹿，蹄像牛，尾像驴。麋鹿是中国特有的动物，主要生活在黄河流域和长江流域，是湿地系统的旗舰物种。现存的麋鹿数量很少，已被列为国家一级保护动物。

驼鹿

在鹿的家族中，驼鹿的体形最大。它们肩高约2米，有着肥大的鼻子和上唇，雄鹿还长着一对扁平而宽大的角。驼鹿喜欢游泳和潜水，能潜到水中吃水草。在中国的大兴安岭和小兴安岭北部，生活着为数不多的驼鹿，它们已被列为国家二级保护动物。

雄鹿头上长有角

角既是雄鹿的第二性征，用于获得雌鹿的青睐，又是它们争斗时的武器。初长出的鹿角，外面包着一层像天鹅绒一样柔软的皮肤，里面分布着大量的血管，这就是鹿茸。随着角的生长，供血逐渐减少，角的外皮会干枯脱落，形成干角。鹿角随着年龄的增长会不断分叉，进入成年，鹿角就基本定型了。鹿角是年长年脱，为一年生。不同的鹿种，鹿角脱落的时间也不同。旧的鹿角脱落之时，也是新的鹿角生长之时。

在繁殖期，雄鹿常用鹿角当武器，赶走"情敌"，有时甚至会杀死对方。

坡鹿

坡鹿体形中等，四肢瘦长，体态矫健，善于跳跃、奔跑。坡鹿受惊逃跑时，能越过一两米高的障碍物，或六七米宽的山沟、溪涧。坡鹿常栖息于灌木丛中，喜欢结成小群活动，吃草时有"哨兵鹿"负责放哨。坡鹿在中国仅见于海南岛，数量很少，已被列为国家一级保护动物。

长颈鹿

长颈鹿生活在非洲热带、亚热带广阔的大草原上。它们从不涉足茂密的森林，所以在中非地区的热带丛林中，找不到它们的踪影。长颈鹿皮肤坚厚，善于奔跑，可穿行于荆棘中，以树的枝叶为食。

动物界的"巨人"

长颈鹿身高 6～8 米，是世界上最高的陆栖动物。长颈鹿为胎生动物，妊娠期一般为 15 个月。小长颈鹿一降生，身高就有约 2 米，体重超过 60 千克。此后，小长颈鹿以每月 5～8 厘米的惊人速度成长。雌长颈鹿不管身在何处，总是返回同一个地方产崽，因为这样它们才觉得自己和幼崽是安全的。因为脖子太长，长颈鹿喝水非常困难，而且在饮水时，也容易受到附近猛兽的袭击。所以，长颈鹿主要靠所吃枝叶中的水分满足身体的需要，它们可以几个月不喝水，也照样正常生活。

长颈鹿的胃

长颈鹿是反刍动物。反刍就是把吃进胃里的食物再返回到嘴里咀嚼的习性。长颈鹿有 4 个胃腔：第一个是瘤胃，第二个是蜂窝胃，第三个是重瓣胃，第四个是皱胃。第四个胃才是"真正的胃"。这个胃里有胃腺分泌胃液，食物会在胃液的作用下被消化。

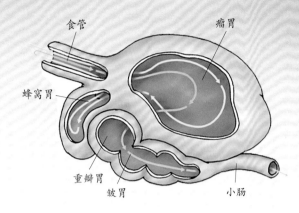

超长的舌头

长颈鹿有一个超长的舌头，舌头长度可达 46 厘米左右。在采摘树叶或嫩枝时，长颈鹿充分利用了这条奇长无比的舌头。它们会用长舌轻松卷住高高的树枝上的叶子，再将舌头回转，将叶子送进口腔里。这有点儿像园林工人修剪树枝。一头成熟的长颈鹿每天进食量为 15 ~ 19 千克。

骆驼

骆驼是能够生活在干旱荒漠中的大型哺乳动物，具有适应干旱荒漠环境的特殊生理机能。在非洲的撒哈拉沙漠，白天的地表温度可达 70 摄氏度左右，夜晚温度又降到 0 摄氏度以下。在这种恶劣的气候下，骆驼不仅能正常生活，而且还能帮助人们运输物资，在茫茫的沙漠中行走半个月之久，是名副其实的"沙漠之舟"。

单峰驼

单峰驼生活在阿拉伯、印度和北非，背上只有一个驼峰，所以叫单峰驼。

双峰驼

双峰驼又称巴克特里亚驼，这个称谓源于古代巴克特里亚王国的国名。双峰驼主要生活在中亚和中国。由于双峰驼具有耐旱、耐寒等特点，在蒙古国的沙漠、戈壁地区，以及中国的西北地区，人们饲养了大批的双峰驼作为运输工具。

羊驼

生活在南美洲的羊驼属于骆驼类，但它们没有驼峰，耳朵既大又尖，是当地居民饲养的主要家畜。

天生的自我保护功能

骆驼的眼睛长有很长的睫毛。长睫毛可使它们的眼睛免受强烈日光的伤害，也可防止在沙尘暴中沙子等异物进入眼睛。鼻道和头凹是骆驼的呼吸系统。当骆驼吸气时，头凹能使鼻腔内空气湿润，呼气时头凹则可回收肺部排出的气体中的水分。骆驼的鼻道能防止沙粒进入，必要时鼻孔可完全关闭。骆驼背上的毛有保护皮肤，避免皮肤被强烈太阳光晒伤的功能。为了抵御严寒，骆驼的体温会在傍晚时升至 40 摄氏度左右，在黎明时又会降至 34 摄氏度左右。

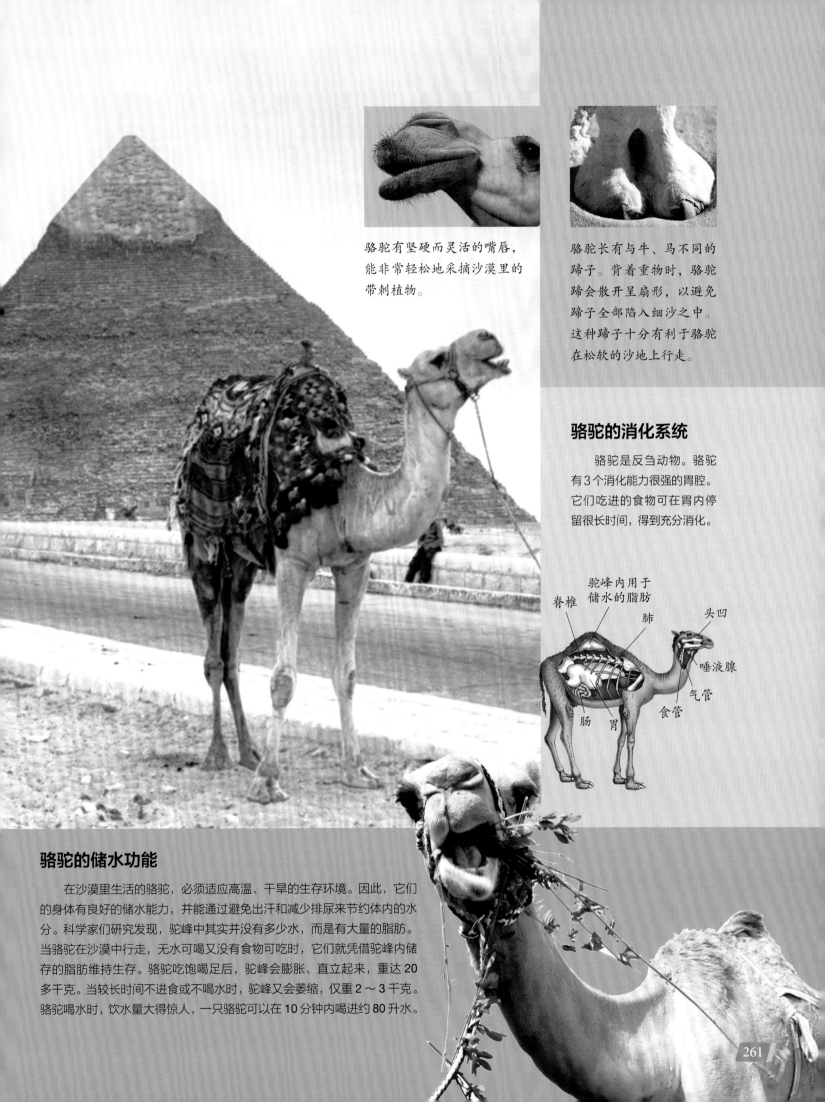

骆驼有坚硬而灵活的嘴唇，能非常轻松地采摘沙漠里的带刺植物。

骆驼长有与牛、马不同的蹄子。背着重物时，骆驼蹄会散开呈扇形，以避免蹄子全部陷入细沙之中。这种蹄子十分有利于骆驼在松软的沙地上行走。

骆驼的消化系统

　　骆驼是反刍动物。骆驼有3个消化能力很强的胃腔。它们吃进的食物可在胃内停留很长时间，得到充分消化。

脊椎

驼峰内用于储水的脂肪

肺

头凹

唾液腺

气管

食管

胃

肠

骆驼的储水功能

　　在沙漠里生活的骆驼，必须适应高温、干旱的生存环境。因此，它们的身体有良好的储水能力，并能通过避免出汗和减少排尿来节约体内的水分。科学家们研究发现，驼峰中其实并没有多少水，而是有大量的脂肪。当骆驼在沙漠中行走，无水可喝又没有食物可吃时，它们就凭借驼峰内储存的脂肪维持生存。骆驼吃饱喝足后，驼峰会膨胀、直立起来，重达20多千克。当较长时间不进食或不喝水时，驼峰又会萎缩，仅重2～3千克。骆驼喝水时，饮水量大得惊人，一只骆驼可以在10分钟内喝进约80升水。

马

马和牛都属于草食性家畜。它们几千年前就被人类驯化，一直任劳任怨地为人类提供多方面的服务，是人类的好帮手。

耳朵会"说话"

马的耳朵非常灵活，可以任意旋转，是马表达喜怒哀乐的重要器官。马耳朵的每个动作都表达了一种情绪，仔细观察这些动作，就能够知道马的心情。

耳朵朝前，表示马很好奇。

耳朵向后倒，表示马要发起攻击了。

耳朵一前一后，表示马迟疑不决。

马高兴时，耳朵会竖起来。

马识骑手

马的感觉非常灵敏，能准确识别骑手的技术高低。如果骑马前你先摸摸它的毛，给它抓抓痒，等马熟悉了你的样子和气味，它就会愿意让你骑上它。但如果你迟疑不决，它就会故意不听你的指挥，把你从背上甩下来。

成长阶段

马的怀孕期为 11 ~ 12 个月。小马出生后要吃妈妈的奶，6 个月后就可以吃草了。3 ~ 5 岁时，小马可以开始交配生育。3 ~ 15 岁的马最适合为人类工作。马的寿命为 30 ~ 35 岁。

给马"穿鞋"

马蹄在奔跑过程中容易磨损，影响奔跑速度。为了保护好马蹄，人们就得给它们配上一副好"鞋"——马掌。钉马掌的步骤是：①先将马固定好，以免马踢伤人；②把马蹄铲平；③把蹄形的马掌进行加热；④将加热后的马掌对准马蹄放好；⑤把马掌钉进马蹄。

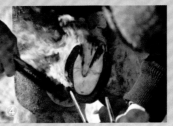

鲸

虽然大家习惯把鲸称为鲸鱼，但鲸其实不是鱼类，而是胎生的哺乳动物。鲸通过肺来呼吸，身体被一层皮肤包裹着，体温保持在37摄氏度左右。它们是地球上最大的哺乳动物。世界上的鲸分为两大类，一类是齿鲸，另一类是须鲸。

生活在北极的白鲸

齿鲸

须鲸

鲸的生育

鲸是胎生动物。须鲸里的大翅鲸为一夫一妻，但在更多时候，它们过着"单身生活"。齿鲸里的逆戟鲸则是一夫多妻，喜欢群居。受孕的雌鲸通常怀胎12个月，一般一胎生一崽。雌鲸通常会在温暖的海域产崽，因为刚出生的幼鲸身上脂肪少，保暖能力差。幼鲸出生之后，钻到雌鲸的腹下吸食母乳。鲸的哺乳期一般为10个月。雌鲸很会照顾幼鲸，常带着幼鲸在水面上游动；幼鲸则会紧靠在母鲸的身边吸奶和休息。哺乳期的幼鲸成长得很快，这是因为母鲸的奶中富含脂肪和蛋白质。

保护鲸类

鲸有时游得太靠近岸边就会搁浅，无法游回大海，使自己面临生命危险。现在，人们已经能够想办法救助这些搁浅的鲸，让它们回归大海。世界上一些国家和地区曾把捕鲸业当作重要的经济产业，造成鲸的数量急剧下降。现在蓝鲸等一些种类的鲸濒临灭绝，因此，鲸已被列为国际保护动物。

齿鲸

齿鲸口中长着牙齿。齿鲸牙齿的功能与陆地哺乳类动物不同，主要用来捕获食物，而不是咀嚼食物。齿鲸个头儿一般比须鲸小。有的齿鲸性情残暴，常攻击比自己大许多的同类。在齿鲸中，最具代表性的是抹香鲸、逆戟鲸、海豚，还有生活在北极地区的独角鲸和白鲸。

搁浅的小南露脊鲸

又称杀人鲸的逆戟鲸

生活在北极的独角鲸

须鲸

须鲸口中没有牙齿，只有像梳子一样的鲸须，所以称须鲸。须鲸的食物是大量聚集在冰冷海水中的磷虾等动物。一头鲸通常一天要吃进 3～4 吨的食物。幸好磷虾的繁殖速度非常快，每年可繁殖数十亿吨，这才使鲸有了足够的食物，幸存至今。

鲸为什么能长那么大？

鲸是现在地球上最大的动物，蓝鲸的体长可以达到 30 米左右，体重可达 150 吨左右。鲸为什么能长那么大呢？从进化的角度讲，体形大的动物防御能力和生命力都较强，不易受天敌侵害；体形大还有利于防寒保暖，延长寿命。相反，体形小的动物比大型动物生命力弱，寿命也较短。但大体形动物一般繁殖力和运动能力较弱，所以对环境变化的适应力较差。在外界环境比较稳定的时候，生物进化的趋势是体形不断增大。而一旦进入环境变化较频繁的时期，超大型动物就容易被淘汰。古代鲸类回到海洋生活后，海洋中的环境变化比陆地上小，是比较稳定的，同时在水中生活不受体重过大的限制，所以鲸类就越长越大了。

蓝鲸

蓝鲸是世界上已知最大的动物。最大的蓝鲸长约 30 米，最重的蓝鲸重约 150 吨。蓝鲸的尾巴附近有一个小背鳍。它们的上腭两侧还有黑色的短鲸须，用以筛食浮游生物。蓝鲸喜欢单独或成小群栖息在海洋中。

抹香鲸

抹香鲸体态奇特。它们最明显的特征是头出奇地大，而嘴很小，看起来很不成比例。成年雄性的抹香鲸体长可达 20 米左右。抹香鲸的头骨内有比一般同类多许多的脑油体，这有助于它们下潜到二三千米深的海水中。抹香鲸为了捕获到爱吃的章鱼、乌贼等猎物，下潜的时间可以长达 1 个多小时。抹香鲸还有洄游的习性，它们每年要从南北极寒冷的海域出发，按照特定的路线在大洋中旅行。当抹香鲸与大型章鱼或乌贼相遇时，双方常厮打得昏天黑地，最后的结果常常是抹香鲸获胜。不过获胜的抹香鲸往往也会遍体鳞伤。

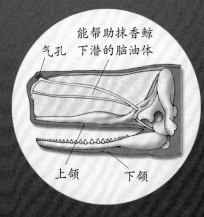

能帮助抹香鲸下潜的脑油体
气孔
上颌
下颌

海豚

海豚是生活在水里的哺乳动物，也是最小的鲸类。它们主要吃鱼和乌贼，有些体形较大的海豚也捕食其他海兽。海豚很聪明，是人类的好朋友。

奇特的大脑

海豚的头虽然很小，却有一个非常发达的大脑。它们的中心大脑皮质和大脑额叶要比人类大约40%，记忆力、信息处理能力很强，可以计划、分析、解决问题。它们的大脑还很奇特，由完全隔开的两部分组成，一半工作时，另一半就休息，所以海豚无须睡眠，能随时对周围的一切保持警惕。

水中"鱼雷"

海豚的游泳速度可达每小时40千米左右，相当于鱼雷快艇的中等速度。海豚的肺部很大，比陆地动物的肺大1.5～2倍。宽吻海豚又叫瓶鼻海豚，是最常见的海豚。

奇特的声呐系统

海豚没有外耳，只有很小的耳孔。它们的耳朵只是一个摆设，不用来接收外界的声音。它们的体内有一个奇特的声呐系统，起着耳朵和眼睛的作用。这个声呐系统能发出超声波，超声波碰到物体后反射回来，通过接收物体的反射波，海豚就能够在水中识别各种物体，捕获食物，躲避敌害。

水上救生员

海豚很有爱心，会帮助弱小生病的同类逃生，也能把海上遇险的人送到岸上，是很好的水上救生员。新西兰流传着海豚"罗盘杰克"的故事：新西兰有一条库克海峡，暗礁丛生，十分危险，那里有一只海豚自愿为来往船只导航，帮助许多船只安全渡过海峡，人们亲切地称它为"罗盘杰克"。

第九章

CHAPTER 9

保护动物

由于人类对自然的破坏，越来越多的野生物种走向灭绝。而地球上的生命是息息相关的，保护动物，就是保护我们人类自己。

灭绝动物

物种灭绝本是生物进化中的正常现象，但生境破坏、过度开发、盲目引种、环境污染等人类活动，使野生动物的灭绝速度达到了正常灭绝速度的 1000 多倍，大量的野生动物因此而过早地消失了。

什么是灭绝？

根据世界自然保护联盟（IUCN）的物种等级标准，灭绝指某物种在过去的 50 年中未在野外被找到，如渡渡鸟。野外灭绝指某物种的个体仅被笼养或在人们控制下存活，如麋鹿。此外，局部灭绝指某物种在某地区彻底消失，而在其他地区还存在，如白臀叶猴；亚种灭绝指某物种的某一种或某几种亚种彻底消失，如巴厘虎；某些物种数量太少，种群过小，遗传变异性丧失，则为生态灭绝。

白臀叶猴

渡渡鸟

渡渡鸟又名愚鸠，是一种不会飞的鸟。它们曾生活在印度洋的毛里求斯岛，喜欢栖息在灌木型热带森林中。16 世纪，人类大量捕捉渡渡鸟，但造成渡渡鸟灭绝的主要因素不是猎杀，而是外来物种的引进：人类带到岛上的狗和家畜等以鸟蛋和幼鸟为食，使渡渡鸟的数量急剧下降。1680 年，毛里求斯渡渡鸟全部灭绝。西方有句俗语"As dead as a dodo"，即"逝者如渡渡"。

渡渡鸟骨骼图

渡渡鸟

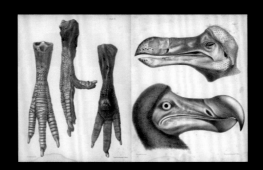

渡渡鸟腿的前部、侧面及后部（左），
渡渡鸟头部侧视图（右）

大颅榄树的悲剧

在渡渡鸟灭绝后不久，一种生存于毛里求斯岛的植物——大颅榄树日益衰败，也走向了灭绝。原来，这种植物的种子具有坚硬的外壳，无法自主生长，而渡渡鸟以这种种子为食，种子经过渡渡鸟的消化道后，硬壳被消化掉，才能够萌生。渡渡鸟灭绝了，鸟与树相依为命的关系被破坏了，大颅榄树的生机也就被扼杀了。

斯特拉大海牛

斯特拉大海牛曾是除了鲸以外最大的哺乳动物。它们没有牙齿，却能用奇异的大嘴切割、研磨水草。1741年，俄国探险队员在科曼多尔群岛发现了大海牛。大海牛立刻遭到大量猎杀。仅26年后，斯特拉大海牛就全部灭绝了。

波兰野牛

波兰野牛曾是世界上数量最多的大型野生动物，它们生活在亚洲、非洲、欧洲和美洲。19世纪中期，波兰野牛被大量捕杀。1918年波兰野牛野外灭绝，现在人们只有在动物园中才能见到它们。

白鲟

白鲟曾是中国最大的淡水鱼类，最早出现于距今约1亿多年的白垩纪。它们的吻部很长，宛如象鼻，因此又称为"象鱼"，白鲟主要产于中国长江自宜宾至长江口的干支流中，钱塘江和黄河下游也有发现。长江白鲟是中国特产稀有珍贵动物，属国家一级野生保护动物，有"水中大熊猫"之称。由于过度捕捞以及水坝建设对其迁徙路线的干扰等，长江白鲟于2019年12月23日被宣布灭绝。

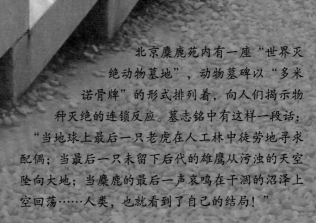

北京麋鹿苑内有一座"世界灭绝动物墓地"，动物墓碑以"多米诺骨牌"的形式排列着，向人们揭示物种灭绝的连锁反应。墓志铭中有这样一段话："当地球上最后一只老虎在人工林中徒劳地寻求配偶；当最后一只未留下后代的雄鹰从污浊的天空坠向大地；当麋鹿的最后一声哀鸣在干涸的沼泽上空回荡……人类，也就看到了自己的结局！"

濒危动物

濒危动物是由于物种自身原因或受人类活动和自然灾害的影响而濒临灭绝的野生动物物种，是自然保护的重点对象。灭绝本是物种进化过程中的自然现象，但人类却成为野生动物加速灭绝的推手。全世界有超过 5000 种动物正濒临灭种，例如中国的华南虎、黑冠长臂猿、金丝猴、朱鹮等。

《世界自然保护联盟濒危物种红色名录》

《濒危物种红色名录》由世界自然保护联盟（IUCN）于 1963 年开始编制，现已成为世界上最全面地展现动植物、真菌物种全球灭绝风险状况的名录，也被认为是反映生物多样性状况最权威的名录。《名录》具有指导科学研究，推进动物保护政策、规划制定，帮助预防物种灭绝的作用。《名录》按动物濒危程度从高到低分为 9 个保护类别。

EX 》 绝灭 Extinct
如果没有理由怀疑一分类单元的最后一个个体已经死亡，即认为该分类单元已经绝灭，如渡渡鸟。

EW 》 野外绝灭 Extinct in the Wild
如果已知一分类单元只生活在栽培、圈养条件下或者只作为自然化种群（或种群）生活在远离其过去的栖息地时，即认为该分类单元属于野外绝灭，如夏威夷乌鸦。

CR 》 极危 Critically Endangered
当一分类单元的野生种群面临即将绝灭的概率非常高，即符合极危标准中的任何一条标准时，该分类单元即列为极危，如墨西哥蝴蝶鱼。

EN 》 濒危 Endangered
当一分类单元未达到极危标准，但是其野生种群在不久的将来面临绝灭的概率很高，即符合濒危标准中的任何一条标准时，该分类单元即列为濒危，如蓝鲸。

VU 》 易危 Vulnerable
当一分类单元未达到极危或者濒危标准，但是在未来一段时间，其野生种群面临绝灭的概率较高，即符合易危标准中的任何一条标准时，该分类单元即列为易危，如北极熊。

NT 》 近危 Near Threatened
当一分类单元未达到极危、濒危或者易危标准，但是在未来一段时间，接近符合或可能符合受威胁等级，该分类单元即列为近危，如格林兰睡鲨。

LC 》 无危 Least Concern
当一分类单元被评估未达到极危、濒危、易危或者近危标准，该分类单元即列为无危。广泛分布和种类丰富的分类单元都属于该等级，如兔狲。

DD 》 数据缺乏 Data Deficient
如果没有足够的资料来直接或者间接地根据一分类单元的分布或种群状况来评估其绝灭的危险程度时，即认为该分类单元属于数据缺乏。

NE 》 未予评估 Not Evaluated
如果一分类单元未经应用本标准进行评估，则可将该分类单元列为未予评估。

《中国濒危动物红皮书》

中国于 1998 年发布《中国濒危动物红皮书》，收录中国濒危动物 592 种，包括濒危的哺乳类、鸟类、爬行类、两栖类、鱼类动物和无脊椎动物，其中不少是珍稀动物，并按世界自然保护联盟要求进行分级。红皮书对确定中国的濒危物种受威胁程度、促进濒危物种保护起着重要的指示作用。

"鸟中大熊猫"震旦鸦雀（NT）

短尾信天翁（VU）

中华秋沙鸭（EN）

金钱豹（VU）

复齿鼯鼠（又名寒号鸟）（NT）

水獭（NT）

白鱀豚

　　白鱀豚是中国特有的一种极为罕见的淡水鲸类。白鱀豚主要生活在长江中下游，数量极少，1996 年就被世界自然保护联盟列为 12 种世界严重濒危动物之一，有"长江里的大熊猫"之称。白鱀豚是哺乳动物，它们虽然生活在水中，但却用肺呼吸。它们的大脑很发达，脑重量与黑猩猩接近，有一定的记忆能力。它们以鱼类为食，受到攻击时能发出类似水牛叫的低沉的鸣叫声。

藏羚羊

　　藏羚羊又名藏羚、一角兽，是青藏高原特产动物，它们生活在青藏高原海拔 4000~5000 米的高山草原、草甸和半沙漠的高寒荒漠上，以各种牧草和野草为食，平均寿命为 8 年。藏羚羊是群居动物，有时羊群总数可达上百只。雌羚羊每年夏季迁徙至产崽区域并在那里产崽，通常每胎产 1 崽，晚秋时节又在越冬区域重新加入雄羚羊群。雄性藏羚羊生有向后弯曲的羊角，约长 50 厘米。藏羚羊因为遭到过度盗猎而被列入濒危动物名单，是国家一级保护动物。

金丝猴

　　金丝猴因为背部披有金黄色的柔软长毛而得名。它们主要分布在中国西南部地区，有川金丝猴、黔金丝猴、滇金丝猴以及 2012 年发现的怒江金丝猴四种，是国家一级保护动物。川金丝猴面部呈蓝色，鼻孔大而朝天，故又称"仰鼻猴"。越南、缅甸等国也有少量的金丝猴分布。金丝猴生活在海拔 2000~3000 米的高山密林中，过着典型的树栖生活，能在树上攀跃如飞。

如何保护动物

当越来越多的野生动物灭绝、濒危后，人类开始反省，不仅制定了许多保护野生动物的法律、法规、政策，同时用各种方法保护野生动物，如建立自然保护区、人工繁殖等。只有保护动物，保护生物多样性，地球才能永葆生机。

《中华人民共和国野生动物保护法》

《中华人民共和国野生动物保护法》是中国调整在合理利用、保护、拯救濒危野生动物活动中发生的各种经济关系的法律规范，是中国第一部关于野生动物保护的综合性法律。1988年11月8日第七届全国人民代表大会常务委员会第四次会议通过，自1989年3月1日起施行，至2018年共经过4次修订。共5章58条，包括总则、野生动物及其栖息地保护、野生动物管理、法律责任和附则。

《国家重点保护野生动物名录》

《中华人民共和国野生动物保护法》第二章"野生动物及其栖息地保护"第十条规定："国家对野生动物实行分类分级保护。国家对珍贵、濒危的野生动物实行重点保护。国家重点保护的野生动物分为一级保护野生动物和二级保护野生动物。国家重点保护野生动物名录，由国务院野生动物保护主管部门组织科学评估后制定，并每五年根据评估情况确定对名录进行调整。国家重点保护野生动物名录报国务院批准公布。"2020年6月，国家林业和草原局、农业农村部发布《国家重点保护野生动物名录（征求意见稿）》并向社会公开征求意见，其中，穿山甲、北方铜鱼等被列为国家一级保护动物。

国家一级保护动物

穿山甲　　　　　　　　紫貂　　　　　　　　熊狸　　　　　　　　白尾海雕

国家二级保护动物

雪兔　　　　　　　　猞猁　　　　　　　　河麂　　　　　　　　白额雁

国家一级保护动物
儒艮

保护栖息地

　　保护动物，关键在于保护栖息地。建立美国黄石国家公园、法国布列塔尼北部海岸的鸟类保护区、意大利格兰帕拉迪索的欧洲野山羊保护区等都是对自然的有力保护。中国江西婺源为鸳鸯、白腿小隼、中华秋沙鸭、蓝冠噪鹛等设置了一系列保护小区，卓有成效。美国及中国台湾等国家和地区都有类似荒野保护协会的组织，这些组织通过购买、租赁、租借等方式，取得荒野监护权或管理权，这些荒野包括一些军事禁地、保护区、国家公园及国界无人区等，它们成为野生动物真正的家。

黄石国家公园

　　黄石国家公园是世界上最早建立的国家公园，是美国本土面积最大的国家公园。1872 年美国国会通过提案，正式建立黄石国家公园。黄石国家公园被联合国定为国际生物圈保护区，并被列入《世界遗产名录》。园内生境多样，有大片原始森林，也有广阔的草原和艾灌丛沙漠。这里生活着多种野生动物，大型哺乳动物有野牛、麝、巨角野羊、黑熊、灰熊、驼鹿、土狼等；鸟类 300 余种，包括秃鹰、鱼鹰、白鹈鹕、加利福尼亚鸥等。

人工繁殖中华鲟

　　中华鲟又称鲟鲨，是中国特有的大型鱼类，已经在地球上生活了约 1.4 亿年，是著名的活化石。它们在长江中出生，到海洋里生长。每年春末，成年的中华鲟都会游回长江来繁殖产卵。长期以来，中华鲟曾被大量捕捞，数量已经非常稀少。为挽救中华鲟，人们对它们的卵进行人工孵化，再把中华鲟"宝宝"们放回长江中。

汉语拼音音序索引

汉语拼音音序索引

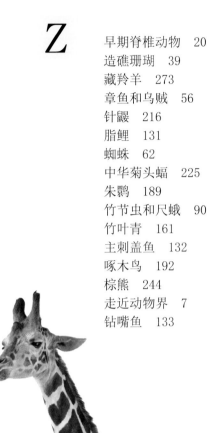

中国儿童动物百科全书

编辑委员会

主　　任	乔格侠
编　　委 （以姓氏笔画为序）	王　艳　　白加德　　乔格侠 朱菱艳　　张正旺　　孟庆金 郭　耕

主要编辑出版人员

出 版 人	刘国辉
策 划 人	刘金双
责任编辑	杜乔楠
编　　辑	刘小蕊
特约审稿	薄　芯　　张玉光　　邢　海 王建艳　　常凌小
版式设计	参天树设计 TOP TREE DESIGN　　郑若琪　　张倩倩
封面设计	@吾然设计工作室
图片提供	全景网　　新华通讯社　　视觉中国
责任印制	邹景峰

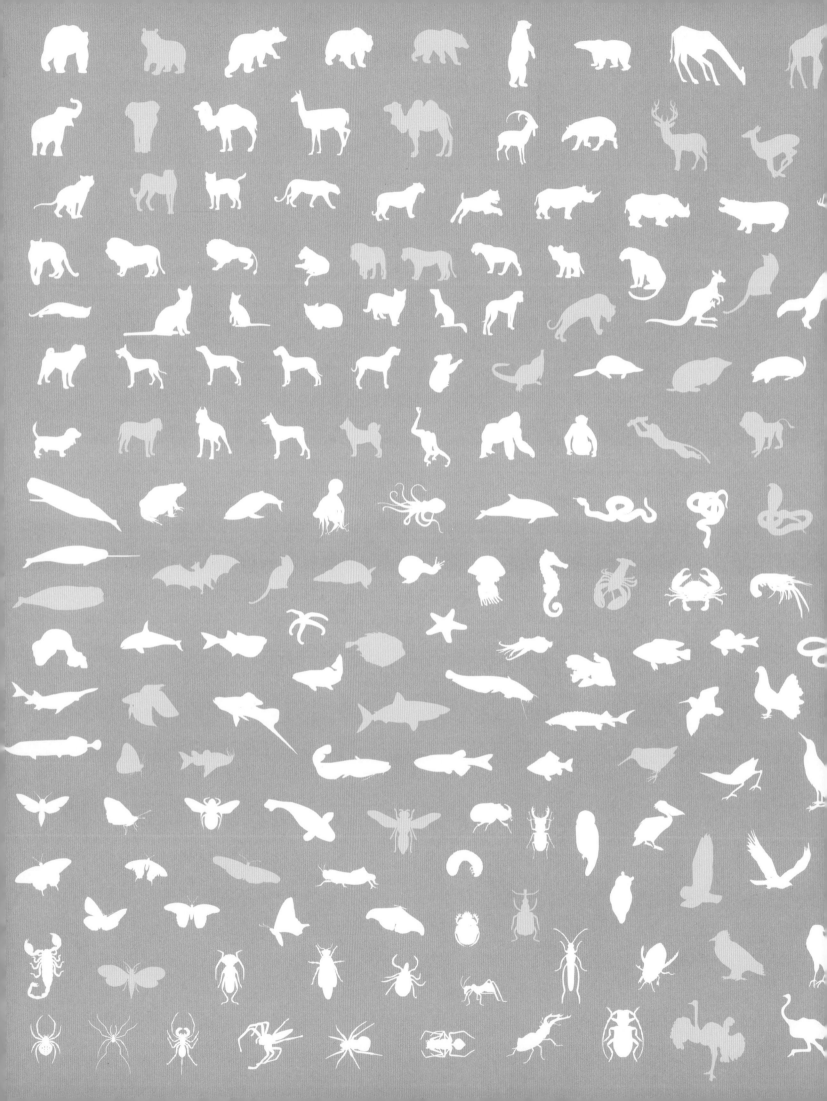